大数据:
战争制胜的新利器

Big Data:
A New Edge Tool to Win the War

王永华 著

图书在版编目(CIP)数据

大数据：战争制胜的新利器 / 王永华著. -- 上海：上海社会科学院出版社, 2025. -- ISBN 978-7-5520-4742-4

Ⅰ. E919

中国国家版本馆 CIP 数据核字第 2025UV4305 号

大数据：战争制胜的新利器

著　　者：王永华
责任编辑：霍　罩
封面设计：霍　罩
出版发行：上海社会科学院出版社
　　　　　上海顺昌路 622 号　邮编 200025
　　　　　电话总机 021 - 63315947　销售热线 021 - 53063735
　　　　　https://cbs.sass.org.cn　E-mail:sassp@sassp.cn
排　　版：南京展望文化发展有限公司
印　　刷：上海龙腾印务有限公司
开　　本：710 毫米×1010 毫米　1/16
印　　张：9.25
字　　数：161 千
版　　次：2025 年 6 月第 1 版　2025 年 6 月第 1 次印刷

ISBN 978 - 7 - 5520 - 4742 - 4/E·042　　　　　定价：68.00 元

版权所有　翻印必究

国家社科基金后期资助项目
出版说明

　　后期资助项目是国家社科基金设立的一类重要项目,旨在鼓励广大社科研究者潜心治学,支持基础研究多出优秀成果。它是经过严格评审,从接近完成的科研成果中遴选立项的。为扩大后期资助项目的影响,更好地推动学术发展,促进成果转化,全国哲学社会科学工作办公室按照"统一设计、统一标识、统一版式、形成系列"的总体要求,组织出版国家社科基金后期资助项目成果。

全国哲学社会科学工作办公室

序

转型发展之要

如果将 2012 年视为全球性大数据热潮的起点,迄今这个热潮已逾十年。十多年来,信息技术领域又出现了多个其他热词,但大数据一直保持了较高热度。十多年间,大数据相关技术、产品、应用和标准不断发展,逐渐形成了覆盖数据基础设施、数据分析、数据应用、数据资源与 API、开源平台与工具等板块的大数据产业格局,其中,发展重点保持两年一变,历经从基础技术和基础设施、分析方法与技术、行业领域应用、大数据治理到数据生态体系的变迁。2012 年,大数据领域主要围绕数据清洗、汇聚、存储、处理等基础技术与设施展开,大数据生态呈现雏形;2014 年,在已形成一批针对特定场景的大数据管理和处理解决方案的基础上,数据驱动的人工智能取得突破性进展,人们分析数据并萃取信息、知识和智能的热情高涨,数据分析方法、技术和产品与相关企业成为生态系统中最活跃的部分;2016 年,大数据技术及应用体系渐趋完整,与传统产业、行业的结合日益紧密,面向行业和领域的大数据应用与相关企业发展迅猛,成为新的焦点,机器学习产品逐步在企业中部署并实施,大数据生态更趋成熟;2018 年,随着在行业领域应用的深入,数据确权、数据质量、数据安全、隐私保护、流通管控、共享开放等问题日益受到高度关注,大数据治理成为热点;2020 年,社会经济整体数字化进程不断加快,"万物数据化"成为一种快速演进的"大势",数据技术的快速发展驱动数据生态体系的完善。当前,大数据已广泛深入地渗透到经济社会的各个领域,在推动经济发展、变革科研范式、完善社会治理、提升政府服务和监管能力等方面发挥了重要作用。2016 年兴起的新一轮人工智能热潮,本质上属于数据驱动的智能。大数据和人工智能二者呈现"体"和"用"的关系,犹如燃料与火焰,燃料越多,火焰越旺,燃料越纯,火焰越亮。

大数据相关理论、技术和应用的成绩和进展有目共睹,但是,总体来说目前仍处于发展的早期阶段,未来还有很长的路要走。在理论技术方面,大数据管理和处理技术、大数据分析方法、大数据治理技术等方面仍然面临诸多挑战,现行通用计算技术体系难以满足大数据应用需求,未来需要完成从"计算为中心"到"数据为中心"的转型,以深度学习为代表的数据分析方法在可解释性、鲁棒性和能效比等方面均有很大提升空间;在应用方面,系统化的大数据治理体系尚未形成,数据资产地位的确立、数据管理的体制机制、数据的共享和开放、数据的安全和隐私保护等存在诸多障碍,大数据应用带来的伦理问题、社会问题、法律问题频现。

当前,我们正处于大数据带来的信息化的新阶段,这也是自20世纪80年代起,由个人计算机普及应用和互联网大规模商用分别导致的两波以"数字化"和"网络化"为主要特征的信息化高速发展浪潮之后的第三波浪潮,信息化正在进入以数据的深度挖掘和融合应用为主要特征的"智能化"阶段。人类已经站在信息社会的门口,数字文明时代正在开启,数字化转型成为时代主题,其中一个核心的变化将是:信息技术开始从助力社会经济发展的辅助工具向引领社会经济发展的核心引擎转变,各业态将围绕信息化主线深度协作、融合,完成自身转型、提升、变革,同时,不断催生新业态,一些传统业态将走向消亡。就这个意义而言,数字化转型带来的是一场深刻的社会经济革命,数据成为生产要素是这个时代的主要特征,推动新型数据生产力的形成。从本体论视角,数据本身蕴含很多信息、知识、规律甚至智慧,极富价值;从方法论视角,数字化对传统的劳动、土地、资本、技术、管理、知识等各类生产要素赋值、赋能,数据成为传统生产要素的数字空间"孪生",将对其价值提升发挥乘数倍增作用。

在这一轮的社会经济转型发展中,军事领域事关国家总体安全和核心利益,其转型发展意义尤其重大,而军事大数据建设就是转型发展的起点和基础。21世纪以来,以信息技术为代表的前沿技术的不断突破,推动战争形态加速转变,数据成为与武器装备、作战兵力同等重要的核心作战要素,军事领域大数据建设与应用受到高度关注,大数据被视为未来战争的制胜利器。2012年,美国国防部高级研究计划局发布的大数据项目中列出了"从数据到决策"等10项研究计划,将对数据的占有和控制权作为国家核心能力。同年9月,美国参联会颁布《联合作战顶层概念:联合部队2020》,目标是形成跨领域、跨层级、跨战区和跨机构的一体化能力,而这种能力的形成将严重依赖大数据技术的支撑作用。2020年10月,美国国防部发布了《国防部数据战略》,提出了"将国防部建成以数据为中心的机构,通过快速规模化使用数据来获取作战优势和提高效率"的发展愿景,如何使国防部数据成为能够带来即时和持久军事优势的高附加值战略资产,成为新战略未来十年的关注焦点。

军事大数据的建设与应用在考虑大数据普遍特征的同时,还需结合军事活动的特殊性。如何释放数据在军事活动中的价值,目前仍然缺乏有效的理论指导。本书探索了大数据对战争形态演进的影响和大数据运用于战争的制胜机理,围绕大数据对作战体系构建、战场认知、指挥决策、跨域协同、无人对抗等方面的影响进行思考,并结合现代联合作战筹划与实施的过程,总结归纳了在作战中运用与发挥大数据作用的基本要领。相关研究十分及时,具有重要意义。希望作者能持续深入探索,在军事大数据理论研究方面取得新的成果!

是为序。

壬寅年孟春于北京

目 录

第一章 认识大数据 ·· 1
  第一节 大数据及相关概念 ···································· 1
  第二节 大数据主要特征 ······································ 11
  第三节 大数据发展历程 ······································ 14
  第四节 作战大数据的内涵、分类 ······························ 19

第二章 大数据加速战争形态智能化演进 ·························· 22
  第一节 信息化战争形态与智能化战争形态 ······················ 22
  第二节 大数据助推军事智能化发展 ···························· 31
  第三节 大数据托举无人作战新样式 ···························· 40
  第四节 大数据触发战争形态新改变 ···························· 49

第三章 大数据支撑的战争制胜新机理 ···························· 56
  第一节 信息优势制胜 ·· 56
  第二节 体系效能制胜 ·· 58
  第三节 作战精度制胜 ·· 61

第四章 大数据的战争制胜作用 ·································· 63
  第一节 大数据+泛在网：智能化作战体系的经络 ················ 63
  第二节 大数据+数据化：深度认知战场的必由之路 ·············· 69
  第三节 大数据+算力+算法：掌握决策优势的关键 ·············· 82
  第四节 大数据+专家系统："云脑"指挥的必要条件 ·············· 86
  第五节 大数据+任务规划：跨域协同的"拱顶石" ················ 97
  第六节 大数据+泛在共享：效能中暗藏新挑战 ·················· 102

第五章　大数据领域的战略竞争 ……………………………… 107
  第一节　集聚大数据人才 …………………………………… 107
  第二节　创新大数据技术 …………………………………… 110
  第三节　开发大数据资源 …………………………………… 113
  第四节　建立大数据中心 …………………………………… 122
  第五节　健全大数据集成运用机制 ………………………… 126
  第六节　完善大数据安全防护体系 ………………………… 130

参考文献 ………………………………………………………… 134

第一章 认识大数据

当今时代,大数据阔步走向战争前台,不论战时作战指挥、部队行动等,还是平时军事训练、作战实验、军事研究,都需要运用海量数据,同时产生各种新的数据,时刻涌现出全新的数据洪流——军事大数据。军事大数据不单是传统军事数据规模的变化,更重要的是,深刻反映了数据信息获取、处理和运用理念方式的变革。当前,世界军事强国军队都在加快推进大数据建设和运用,但总体上还处于初始阶段,大数据对战争形态演进、战争制胜的影响,只是初现"冰山一角"。准确把握大数据本质内涵、演化发展等基本问题,是认识军事大数据对未来战争制胜的影响,运用军事大数据打赢未来智能化战争的必然要求。

第一节 大数据及相关概念

大数据首先是一种数据。在军事领域,大数据的逻辑起点是作战数据。正确认识和把握军事大数据的形成,揭示大数据工作及运用规律,发挥大数据对打赢未来智能化战争的作用,需要廓清大数据与相关概念的关系,把准大数据的内涵特征,理清大数据的形成与发展,研究明晰作战大数据的内涵和分类。

一、大数据基本内涵

1998年,美国高性能计算公司(SGI)首席科学家约翰·马西(John Mashey)指出,随着数据量的快速增长,必将出现数据难理解、难获取、难处理和难组织等四个难题,并用"big data"("大数据")描述这一挑战,"大数据"概念从此公开面世,2012、2013年大数据相关宣传达到高潮,2014年后大数据概念体系逐渐成形,对其认知亦趋于理性。

当前,学术界有关大数据的定义有多种,对大数据的内涵还有不同的认识。《数据之巅》一书认为,大数据是大小已经超出传统以上的尺度,一般的软件工具难以捕捉、存储、管理和分析的数据,大数据的量级应该是"太字节";①麦肯锡(Mckinsey)全球研究所认为,大数据是一种规模在获取、存储、管理、分析方面大大超出了传统数据库软件工具能力范围的数据集合;②国际数据公司(IDC)认为,大数据一般会涉及两种或两种以上的数据形式,要收集超过 100 TB(即 100 万亿字节)的高速、实时数据流,或者数据量是每年会增长 60%以上的小数据。③ 为了便于作战人员认识和理解,这里主要从大数据与小数据(传统数据)的本质差异角度分析大数据内涵,对大数据进行界定,即大数据是指那些超过小数据的尺度,以通常的技术与工具很难获取、存储、分析、处理和利用的数据。对于超过小数据的"尺度",即"什么是大",伴随科学技术的不断发展,这个尺度也在不断增大,而且对于不同的运用领域,"大"的界定也不同,很难对其进行准确描述,主要是阐释大数据与小数据存在的本质区别。此外,大数据的运用离不开先进的大数据技术,从应用和效益看,大数据不仅包含数据,还涵盖相关大数据技术。

  大数据与小数据既有深刻的内在联系,也有内涵、外延上的区别。大数据由小数据演变而来,反映了其在数据规模、来源、产生速度以及结构、关系和复杂程度等方面质的变化。在数据规模上,小数据规模小,从存储数据的设备容量变化看,十几年前,1.44 MB 的软盘是装机的必备设备;前些年,MB 和 GB 级别的移动存储设备是主流配置;今天,TB 级别的存储设备是初级配置,很多应用已上升到了 PB(即千万亿字节)甚至 EB(即百亿亿字节)级别;国际数据公司(IDC)发布的《2025 年中国将拥有全球最大的数据圈》白皮书预测,中国国内的数据量将从 2018 年的 7.6 ZB(即 76 万亿亿字节)增至 2025 年的 48.6 ZB;根据国际权威机构互联网数据研究资讯(Statista)的统计和预测,全球数据量将从 2016 年的 18 ZB 达到 2020 年的 50.5 ZB,如图 1-1(a)和图 1-1(b)所示。在数据来源上,传统数据的来源相对集中,纸质文档的数字化占据很大比重,2000 年数字储存信息只占全球数据量的 1/4,另外 3/4 的信息都储存在报纸、胶片、黑胶唱片和盒式磁带这类媒介上;④大数据来自形态各异的网络、传感器,来源更为广泛和多元。在数据

---

① 徐子沛:《数据之巅》,中信出版集团 2014 年版。
② "Bertino E, Ferrari E. Big Data Security and Privacy", *A Comprehensive Guide Through the Italian Database Research Over the Last 25 Years*. Spinger International Pubulishing, 2018: 757-761.
③ 马建光、姜巍:《大数据的概念、特征及其应用》,《国防科技》2013 年第 2 期,第 10—17 页。
④ [美]维克托·迈尔·舍恩伯格等:《大数据时代——生活、工作与思维的大变革》,盛杨燕等译,浙江人民出版社 2013 年版,第 12 页。

产生速度上,小数据基数小,产生速度较慢;大数据源源不断产生,以几乎每年翻一倍的速度剧增。

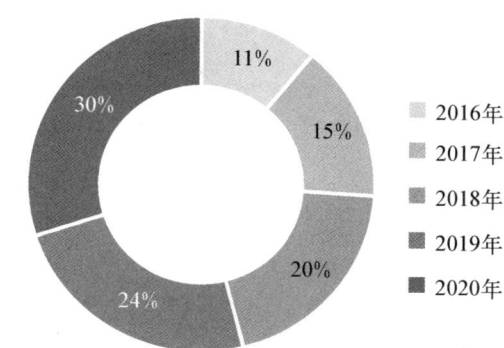

图1-1(a) 全球每年产生数据量估算图

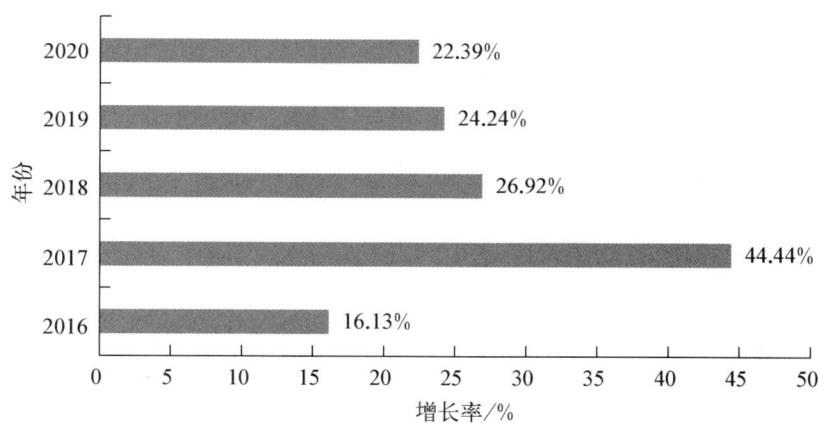

图1-1(b) 全球每年产生数据量增长率估算图

在数据结构上,小数据格式比较简单,多为文本数据;大数据结构十分复杂,特别是半结构化数据和非结构化数据,包括地理空间位置、网页浏览日志、监控视频、航拍图片、广播音频等占更大比重。在数据关系上,小数据间的关系,大部分可以预先得知;大数据间的关联性小,数据间的关系越来越复杂,有待挖掘的未知关系更多。

二、大数据相关概念

在实践运用中,容易与大数据混淆的概念主要有数据、作战数据、信息、数据化,这里分别对其进行分析,以便于认清其与大数据的区别与联系。

（一）数据

大数据看似"横空出世"，事实不然，数千年来，战争与数据相伴前行，大数据只是数据在当今社会的一种表现形态。国际标准化组织（ISO）对数据的定义为：数据是对事实、概念或指令的一种特殊表达形式，这种特殊表达形式可以用人工的方式或者用自动化的装置进行通信、翻译转换或者进行加工处理。数据是指记载下来的事实，是客观实体属性的值。数据的记载方式可以是多种多样的，在逻辑上数据主要可分为数值型、文字型、语音型和图形图像型等多种类型。

数据的种类十分复杂，可以从不同角度进行区分，通常可从数据的结构特征分为结构化数据、半结构化数据和非结构化数据。结构化数据能用统一的标准加以表示，其中最基本的数字、符号等，可以用固定的字段、长短和逻辑结构保存在数据库中，并用数据表的形式进行展现，处理非常方便。半结构化数据是具有基本固定结构模式的数据，其数据是自描述的，携带了关于其模式的信息，其模式可以随时间改变。如 XML 文档等。非结构化数据是没有清晰结构的数据，无法用数字或统一的标准表示，如图片、视频、音频等，对于图像数据，通常只能理解为一个二维矩阵上的无数素点。非结构化数据增长量很快，据推测，将占未来 10 年新生数据总量的 90%。[1]

数据在人类生产生活中广泛运用，其价值在于辅助和提高人类对客观事物的理解、预测、控制。从人类生产活动看，数据的核心价值在于通过数据的及时性、准确性和完整性，以及实时的流转增效，实现了生产全流程、全产业链、全生命周期管理数据的可获取、可分析、可执行，全面提高人类的生产力，数据流、物流、资金流的协同水平和集成能力，数据流动的自动化水平，成为未来核心竞争力的来源。从作战角度看，数据作为信息的重要载体，其价值突出体现在三个方面：一是数据要素融入侦察预警、指挥控制、联合进攻、联合防御、综合保障等要素中，能够使各个作战要素的能力大幅提升；二是数据在作战体系中流转，确保兵力、装备和其他物资能够根据作战需求，快速调配和机动到位，提高各种作战资源的高效配置；三是数据可以激活作战要素，推动传统作战要素深刻改变，提高战斗力的生成效率，可以用更少的作战资源生成更强的作战能力。

（二）作战数据

自战争诞生以来，作战数据就客观存在，但从战争实践看，很长一段历

---

[1] 李彦宏等：《智能革命——迎接人工智能时代的社会、经济与文化的变革》，中信出版集团 2017 年版，第 76 页。

史时期内人们对其认识十分有限,没有上升到理论高度,没有形成"作战数据"概念。21世纪以来,随着作战数据的作用的日益凸显,关于作战数据定义的探讨比较多。当前,学术界提出了多种"作战数据"定义,主要观点认为作战数据是用于作战目的的各种数值的统称,包括部队的作战指挥、军事行动和战场态势等信息。

美军不使用作战数据概念,而是用数据。在美军理论体系中,数据与我们所说的作战数据本质是一致的。1964年,美军就颁布了国防部指令《数据元素和数据代码标准化大纲》,20世纪90年代相继颁布了《美国防部数据管理》《美国防部数据管理战略规划》等法规文件。对美军提出的"数据"概念,其联合出版物《国防部军事与相关术语词典》是这样定义的:"以格式化方式对事实、概念、指令的表述,以适合人工或自动化工具进行通信、解释或处理。任何诸如字符或类似数值的表述都意味着要或者可能被赋值。"[1]另外,美军在联合通用数据库、通用作战图等法规文件中对数据的分类进行了详细分析。根据数据变化状态的不同,联合通用数据库将数据分为静态数据、半静态数据和动态数据三大类:(1)静态数据。静态数据应用于联合通用数据库查询数据表。此类数据由各自独立的数据域设置,一般不做修改。如,国家和地区代码便属于此类数据。(2)半静态数据。半静态数据在部队级一般不发生变化,但在公共机构级经常会改变。此类数据的提供者是公共机构级用户,包括机构、人员、物资以及有关这些实体间相互关系的数据。(3)动态数据。动态数据经常近实时地发生变化。此类数据的提供者是部队级用户,包括位置、作战状态、指令和地图等。通用作战图对数据进行了更为详细的划分,具体区分为国家地理空间情报局的地理空间数据、联合作战系统的规划计划数据、支援和训练等系统的数据、情报分析数据(包括影像)、各种侦察系统的数据、气象数据、核生化辐射数据、空中作业命令和武器装备数据等。

总体看,不同国家军队关于作战数据的表述及其基本内涵各不相同,但都认为作战数据是有关作战指挥、军事行动和战场态势的军事信息,有的定义还明确作战数据是数据的一种。通过研究分析,可认为,作战数据是一种数据,其功能是直接服务于作战指挥和部队行动,因而也是一种军事信息。因此,从广义上看,作战数据是反映作战指挥和部队行动的军事信息,是数据的一种。结合当前技术背景条件,从狭义上看,作战数据是按照统一的技术体制和标准规范进行采集整编,与指挥信息系统运行要求相适应,体现作

---

[1] 刘卫国等:《数据化作战指挥研究》,解放军出版社2012年版。

战指挥和军队军事行动的数字化信息。对于这一认识,可从以下三个方面进行理解和把握。

第一,作战数据是反映作战指挥和部队行动情况的数据。这是作战数据区别于其他数据最根本的标志,是作战数据的本质属性。作战数据的这一属性表明,在各种数据中,只有作战数据才具有保障指挥决策和部队行动的功能。客观地讲,军事领域的数据无处不在,构成一个庞杂的大体系,作战数据只是其中的一部分,各业务部门采集的数据既包含作战数据,也有其他数据。例如,后勤部门主管的物资储备数据、装备部门主管的武器装备战技性能数据等,与作战紧密相关、为指挥决策必需,应纳入作战数据范畴;而干部计划生育、日常办公建设等数据,却不属于作战数据范畴。此外,平时演习训练不仅需要运用各种各样的数据,而且在军事训练过程中也会产生大量数据,由于军事训练是提高战斗力的重要途径,通常仗怎么打,就需要怎么练,因此,军事训练数据应纳入作战数据范畴。

第二,作战数据是反映作战活动的数据集合。作战是复杂的体系对抗,从作战活动全局看,单一的作战数据是不存在的,作战数据必然是由多领域、多层次数据构成的复杂体系。不同战争形态中的作战数据都具有这一共同属性。从基本构成上看,作战数据包括基础属性、动态情况和决策支持数据,基础属性数据主要反映敌情、我情、战场环境等相对静态的基本情况信息,动态情况数据主要反映战场态势发展演变的实时近实时信息,决策支持数据主要反映情况研判结论、指挥决策意图、行动方案计划、作战效果评估等支撑作战指挥的高价值信息。从反映的作战要素看,作战数据既包括直接反映作战指挥和部队行动性质的数据,又包括服务指挥决策的部分后勤保障、装备保障等业务数据。未来战争作战数据外延极大拓展,既包括从源头采报、直接反映实际情况的数据,又包括专门用于计算机系统处理和管理数据资源的标准数据与元数据。

第三,信息化战争中的作战数据具有统一技术体制和标准规范,主要以数字化的形式体现。当前技术条件下,随着战争形态由信息化向智能化演进,作战体系对抗的特征日益凸显,作战数据具有了新的时代内涵。首先,具有统一的技术体制和标准规范。传统作战中,技术水平不高,作战方式较为简单,而且作战数据较为分散、作用有限,作战数据的采集、整编、分析、运用没有统一的技术体制和标准规范。例如,作战人员记录在纸上的有关敌方部队规模和行动的信息,就是一种作战数据。信息化战争中,联合作战成为主要作战方式,体系对抗决定着战场主动权获取,只有技术体制、标准规范统一的作战数据,才能通过指挥信息系统交换流转,发挥最大的作战效能。因此,信息化战争中作战数据应由专业力量采集整编,具有统一标准和规范的表现形式,能适应智能化战争对数据信息快速流转、高效应用的需要。其次,以数字化的形式体现、适应指挥信息系统运行的要求。作战数据是具有特质的军事信息,最早的作战数据主要是以数值表示的军事信息,基本特点是具体的数量、可以进行数学运算。如,行军速度60千米/时。随着战争形态发展,出现了以字符表现的作战数据。如,表示配置地点名称的数据"008高地"等,是不能直接进行数学运算的文字数据。信息化战争中,由于计算机技术广泛运用,各种文字、图形、图像、声音等数据可以转为"0""1"二进制数字序列形式的数字电信号,通过信息网络进行传输和共享,数字化成为作战数据新的表现形式。现代战场上,作战数据适应计算机运行要求,通过计算机处理和网络化传输,适应信息化战场上指挥信息系统互联互通、信息广域共享等新的要求。可以说,指挥信息系统是实现作战数据采集、传输和处理的物质系统,作战数据是支撑指挥信息系统互联和运行的前提条件。

大数据的界定是基于数据的规模、类型、产生速度、复杂程度等自然科学属性,当大数据运用于社会生产、生活以及军事等领域时,需要结合具体运用领域赋予其特定的内涵,即赋予大数据以社会科学属性上的含义,这样也就会与原有领域的相关概念产生关联。作战数据属于作战范畴,其不仅具有自然科学属性上的特征,还带有作战或指挥的特定社会科学属性。随着大数据技术在军事领域的广泛运用,作战指挥和部队相关数据,在数据规模、来源、产生速度、复杂程度上满足"大"的要求,作战数据具有典型的大数据特征。同时,作战数据中还有一些数据量较小、产生速度慢、格式结构化的小数据,如固定文本格式的请示、批复等,在联合作战指挥中被广泛使用。基于确保最低限度的作战需要,少量单一来源、简单格式的小数据也会一直存在。

(三) 信息

信息无形无踪,加上技术条件的限制,很长一段时间人类难以认识到其本质内涵。20世纪40年代末,随着信息论的诞生,人们为信息赋予了新内涵。信息论创始人仙农在《信息论理论基础》中提出:"信息是用来消除随机不定性的东西。"控制论创始人维纳认为,"凡是在一种情况下能减少不确定性的任何事物都叫信息"。美国人哈特莱在《信息传输》中认为:"信息是一种预先未知的消息,能给人增加新的知识,不具备这种作用的消息,就不能称之为信息。"英国《牛津词典》对信息的解释是:"信息,就是谈论的事情、新闻和知识。"我国的《辞海》对信息的解释是:"信息是指对消息接受者来说预先不知道的报道。"《新华词典》对信息的解释是:"事物的运动状态和关于事物运动状态的陈述。"我国信息理论专家钟义信认为:"信息是指事物的运动状态和方式,也就是事物内部结构与外部联系的状态和方式。"等等。

上述概念反映了一定时期人们对信息的认识,这里可以从本体论和认识论角度把握其本质内涵。从本体论意义上看,信息就是事物运动的状态和方式。在这里,"事物"指自然界、人类社会和精神领域一切可能的对象。"运动"指事物内部结构和外部联系的一切意义上的变化。"运动状态"指事物在一段时间内相对稳定的空间结构和行为。"运动方式"指事物运动状态随时间而变化的式样和规律。信息显示了"既不是物质也不是能量",然而又有与物质、能量休戚相关的性质。从认识论意义上看,信息则是事物运动的状态和方式的某种表述或反映。认识论意义的信息概念与本体论意义的信息概念之间的主要区别,就在于引用了"观察者",即观察和利用信息的人、生物、人造系统等。从某种意义上说,认识论意义上的信息,是观察者所观察(或感受)到的物质运动的状态和方式。

大数据是数据的一种,大数据与信息的关系,首先表现为数据与信息的关系,然后才是大数据与信息的区别与联系。

第一,信息是数据在一定背景中,经解释、赋予意义的成品。数据与信息的关系可以描述为"数据与信息的关系可看作是原料和成品的关系,对某个人来说是信息,对另一个人来说可能是数据"。实际上,数据是在数字基础上对世界的局部、抽象描述,也是对信息数字化的记录,是未加工的信息原料或"原始"信息资源;信息则是数据成品,即"数据+背景=信息"。[①] 例如,"1 300"是一个数字,"1 300 人"是一条数据,"科索沃战争联军空中作战中心人数为 1 300 人"是一条信息。需要说明的是,小数据作为消除类似"差不多""大概是"等模糊认知的"有根据的数字"[②],其一是来源于测量,二是来源于测量基础上的计算。从这个意义上可以认为,世界上没有"天然"存在的数据,一切数据都是人为的,数据的"原始"仅仅是指未经人为修改、保留着第一手状态。而信息作为有背景的数据,因为经过了对数据的"背景"集成,其在价值维度上高于数据。对于信息的功用,美军《野战条令6-0》就指出,信息是经一系列处理后的数据,"可以被直接引用,来规避威胁,或采取其他行动"。[③] 对于数据和信息、知识三者之间的关系,《数

[①] 徐子沛:《大数据》,广西师范大学出版社 2012 年版,第 35 页。
[②] 徐子沛:《数据之巅》,中信出版集团 2014 年版,第 255 页。
[③] 国防大学、秦永刚等:《联合作战数据准备与运用》,2014 年 4 月,第 4 页。

之巅》一书认为:"传统意义上的数据和信息、知识是完全不同的概念:数据是信息的载体,信息是有背景的数据,而知识是经过人类的归纳和整理,最终呈现规律的信息。"[1][2]

第二,大数据挖掘后形成高价值信息。进入信息时代后,数据的范畴发生了改变,其演变后形成的大数据与信息的关系更为复杂。数据的来源除了测量和计算,还包括了记录,例如各种传感器时时刻刻地自动记录着互联网上众多用户的操作行为留下的海量日志记录等。在数据结构上,除了记录"有根据的数字"的文本,还包括了记录世界并保存于电脑及网络中的图片、音频、视频等。这些在规模、来源和结构上极大丰富了的数据,就被称为大数据。大数据蕴含着高价值的信息,有待在人参与下的机器学习来挖掘,可以认为"信息=数据(处理后)的数据"。大数据无论如何多样和复杂,相对于信息而言,其本质仍是原始的信息资源。但信息的价值来源不再是对大数据的"背景"集成,而主要是通过对大数据的深度挖掘,得出高价值的情报。例如,美军在阿富汗战争中开辟北方战线时,为找到一条携带激光导引装置的特种兵同北方反塔联盟汇合的路线,动用了卫星、侦察机和特种侦察等多种手段,收集到卫星图片、侦察影像、谈话音频等多类型的、海量战场侦察大数据,经过人工分析和数据挖掘,最后从这些原始数据资源中,得出了可以由熟悉当地的向导带路、通过畜力运送特种兵的高价值信息,确保了北方战线的顺利开通。

第三,大数据更适合机器自动分析处理。从被分析处理和理解的角度来说,大数据依赖人的介入相对较少,然而,信息则离不开人的主动参与。大数据更倾向于人参与下的机器自动分析处理,当然,在机器学习还不够先进时,也能经由人工分析得出一些高价值结论,只是人工的数据处理效率很低。伴随机器智能的不断进步,大数据只需要人很少量的参与,就能被电脑自动理解和学习,这也是大数据分析效率上的最大优势和处理效果上的最大价值所在。然而,信息价值与人的评价和满足主体的价值尺度有关,其分析和理解通常都需要人的参与,这也留下了主体主观偏见或思维定式导致对信息进行错误分析和理解的隐患。例如,现代城市有着诸多的网络、交通、金融和电力节点,这些节点相互影响、密切关联,对哪些重要节点实施攻击,可以用最经济、最少附加损伤的方式使其控制中枢瘫痪,依靠人工分析会很慢,当时间紧迫时甚至无法得出可靠的打击目标建议。但利用大数据

---

[1] 徐子沛:《数据之巅》,中信出版集团2014年版,第256页。
[2] 包磊等:《作战数据管理》,国防工业出版社2015年版,第10—11页。

分析,在人参与下,主要依靠电脑的机器智能分析,便可在规定时间内得出有关打击目标的参考建议。然而,对目标实施打击后是造成民众更加反战,还是更为狂热的支持对抗,可通过信息的研判,这种分析始终离不开人的参与,实际上,人在进一步判断中,通常需要参考机器对大数据的智能分析结论。

(四) 数据化

数据化是指一种把现象转变为可制表分析的量化形式的过程。[①] 军事上,数据化是指通过各种数据技术手段,将战场环境、时间、作战力量、装备物资、攻防行动等各种因素转变为可量化形式的过程。从某种意义上看,数据的"据"可以理解为对数的采集加工分析,形成依据,找出论据体现其价值。数据化产生的前提是人们在认识世界、探索未知世界过程中计量和记录的需要,因为计量和记录能够再现人类活动。例如,通过记录建筑物的建造方式和原材料,人们就能再建同样的建筑,通过改变一些方式而建造出新的建筑物。军事上,从战争产生以来,指挥员一直追求精确掌握武器打击距离、部队机动路线、敌方防御阵地等信息,但由于技术条件的限制,实际上往往很难做到准确无误。19世纪,科学家们逐步推出了利用新工具测量气压、温度、声频等方面的科学发明,使科学与量化结为一体,军事上对量化的要求也越来越高。20世纪,计算机的出现带来了数字测量和存储设备的革新,大大提高了数据化效率,也使得通过数学分析来挖掘出数据的更大价值成为可能。随着数据分析的工具以及必需的信息处理器和存储器等设备的快速发展,人类可以在更多领域,更快、更大规模地进行数据处理,世界万物都可以进行数据化展示。如,通过物联网可在任何事物中植入芯片、传感器和通信模块,实际上是一种典型的数据化手段。道格拉斯提出"万物皆可量化",这个看起来有点狂妄的宣言,在大数据时代得到了验证。由此可见,数据化是描述和展示大数据的方法手段,可以说,数据化是实现战场态势信息可视化的必由之路。

与"数据化"容易产生混淆的概念是"数字化"。数字化是指把模拟数据转换成用"0"和"1"表示的二进制码,这样电脑就可以处理这些数据了,是把模拟信号数据变成计算机可读的数据。由于数字是数据的一种表现形式,因此,数字化也是数据化的一种,比数据化具有更先进的时代内涵。例如,通过数字化技术,可以将作战文书扫描进电脑、将口述指令转换为数字

---

① [美] 维克托·迈尔·舍恩伯格:《大数据时代》,周涛译,浙江人民出版社2012年版,第104页。

音频等,但其中的数据只能被电脑所显示或呈现,数据的分析处理还基本依赖人来完成。然而,数据化能将方位、事物之间的联系等信息,全部转换为可被电脑分析的数据,同时,大数据支撑下的简单算法使机器具备了自主学习的功能,只要在人的少量参与下,电脑就可以直接对数据进行智能化的分析处理。例如,"数字化"主导时期,指挥信息系统所传送的,很多都是传统作战文书的扫描件或类似的文本,指挥员很容易陷入数字化的"文海"之中。战场态势"数据化"后,指挥员面对的是基于政治、经济、军事、外交领域各事件数据库的综合态势,指挥信息系统流转的不再是只有人能理解的文本,而是系统自身就能识别和处理的各类数据,指挥员能直观及时地了解战场环境和敌情、我情,指挥信息系统能高效处理各种数据,为指挥员提供作战行动筹划决策、控制协调等的方案建议,指挥效能实现了大幅跃升。

第二节　大数据主要特征

大数据的特征反映其海量、多样、高速、复杂的内在本质,主要具有"4V"特点,即 volume(大量)、velocity(高速)、variety(多样)、value(价值)。从理解和应用看,其具体表现为数量规模巨大、多样多元融合、产生处理实时、价值密度较低等方面。

一、数量规模巨大

大数据最鲜明的特征就是"海量"规模,用传统的数据统计模式无法实施统计,相对于传统的数据储存方式,不是一个量级上的大小之分,而是几何量级上的巨大差距。人类运用数据的历史悠久,但数据真正爆发并发挥日益重要的作用,还是在工业革命以后。当前,随着各种大数据技术以及相关支撑技术群的发展,社会各个方面的数据都"爆炸"式增加,形成了海量大数据。今天,从计算器、摄像头,到计算机、智能手机,再到大数据和人工智能,人们不断升级采集和利用数据的方式。一部智能手机一天之内可以生产大约 1 GB 的数据,大概是 13 套《二十四史》的总容量。从大数据发展来看,天文学领域的数据技术运用是推动其加速发展的重要因素。2000 年,一项数字巡天项目在美国启动,其望远镜在几周内所获取的数据,超过了天文学历史上所有收集数据的总和。2016 年,当设在智利的更大的巡天望远镜投入使用后,不超过五天就能收集到等量的数据。从天文探索到基因测序、银行业务、互联网搜索等各领域各行业,数据无时无刻不在爆发式增长。

随着战争形态信息化、智能化发展,战场空间拓展,参战力量更加多元,作战体系更加复杂,特别是通信、导航、探测等信息技术手段和装备在作战中广泛运用,数据的生产、采集、传播的规模达到了空前高度,数据规模呈指数级增长。各级作战单元获取和生成的信息数据同步剧增,反映在作战指挥领域,无论是对太空目标的监视和预警,还是对军用网络运转情况的持续监控,其面对的数据量都将远远超越小数据时的规模。根据有关资料,战时,部队需要处理的数据量级正从 TB 级发展至 PB 级甚至 ZB 级。阿富汗战争中,美军的情报、监视与侦察(ISR)系统每天产生超过 53 TB 的数据。美军无人机地面系统每天采集的视频数据超过 7 TB,空军情报、监视与侦察(ISR)每天收集视频数据约为 1 600 小时,1 架每天工作 14 小时的无人机产生大约 70 TB 的视频数据。

二、多样多源融合

信息时代发展初期,数据多以格式统一的表格形式存放于数据库中,可以通过打印在纸上的标题统一、具有固定结构的数据表来展现。例如,一个班级所有同学各科成绩汇总表,或者格式统一的航管指令都属于此类。随着量化一切的"数据化"浪潮的到来,不仅具有结构特征的文本,还有结构特征不明显的图片、音频、视频等都以数据的形式存放到数据库中,现在被广泛应用的"微信",可以同时存放数字、文字、图片、音频、视频、图形、多媒体等多种数据。正是这些结构上不再具有统一规定、形式上非常多样的数据,逐步成了大数据的主要组成部分。因此,大数据类型繁多,多为网页、图片、视频、图像与位置等半结构化和非结构化数据信息。数据类型极其庞杂,关联度一般极低,而且在相当长的时期内非结构化数据会占据大数据的主体。在军事领域,大数据涉及战场范围内各种目标信息,结构复杂多样,信息维度高,分析处理难度远远大于民用大数据。例如,美军为击毙本·拉登,收集了包括卫星图片、无人机视频、线人口供、居民医疗保健数据等各种类型的数据,最后终于找到其行踪。可以说,离开蕴含多种实时信息的大数据的辅助,美军很难完成如此艰巨的任务。

大数据通常都是不同渠道汇集的数据形成的综合体,通过多源数据融合,可以对一个事物进行多方位的描述。大数据与小数据的差异,不仅体现在规模级别上的差异,更重要的是体现在来源上的变化。多源数据融合可以从多维度映射客观事物的本质面貌。例如,传统的金融机构在进行征信时,主要采集 20 个维度左右的数据,包括年龄、收入、学历、职业、房产、车产、借贷情况等,然后用综合评分方法来识别客户的还款能力和还款意愿,决定信贷额度。采用大数据技术后,金融机构可以查询客户的各种线上记录,掌握其是否有批量申请贷款等异常行为,还可分析客户的消费行为和习惯,可以做到在几秒钟内对申请者超过 1 万条的原始信息进行调取和审核,迅速核对数万个指标维度。

三、产生处理实时

大数据是生生不息的"流",人类的每一次通话,飞机的每一次飞行,工厂生产线的每一次运行,都时刻不断地产生各种数据,实时融入动态的数据流。大数据的产生离不开高新技术的发展,特别是物联网、移动互联网的蓬勃发展,为大数据的发展提供了时代引擎,为大数据在线、实时产生提供了基础支撑。物联网在新的互联网协议 IPV6 的支持下,能将世界上每一粒沙子都进行实时量化记录;移动互联网特别是拥有摄像头手机的用户,正组成一个密布世界的移动传感器网,这两者的广泛运用都促进了海量数据的在线、实时产生。腾讯公司发布的财报显示,至 2018 年底,微信活跃账户达到了 10.98 亿,每天平均有超过 7.5 亿的用户阅读朋友圈的信息,如此海量的数据,不及时处理,就会成为垃圾信息。

在信息化战场上,各种信息化武器平台、信息系统无处不在,时刻不断地产生各种数据,要想对实时大数据进行利用,必须实时采集。如美国和以色列军队,已经开始尝试为一线士兵配备专用手机和微型无人机,提升对战场数据信息的实时收集能力。大数据实时产生并处于快速流动之中,必须快速、持续地实时处理,否则过于延迟的处理结果,根本无法应对快速发展变化的实际情况。例如,对于反导作战来说,从发现目标轨迹到导弹击中目标,只有十几分钟甚至几分钟的反应时间,各种探测设备获取的实时数据必须得到近实时的自动处理,才能为指挥员及时决策、下达命令赢得时间。此外,大数据处理技术快速演进,软件工程及人工智能等均可能介入数据处理,极大地提高大数据的处理速度。大数据技术可以通过图像识别、语音识别、自然语言分析等技术计算、分析大量非结构化数据,为实时处理图片、视频、音频等非结构化数据提供了手段。

四、价值密度低

大数据的规模再大,都不是被人们重视的焦点,真正被人们关注的是大数据中隐含的价值。在已经开展大数据运用的领域,体现了数据价值密度不高的特征。同其体量一样,正是因为极小价值的海量汇合,才形成了大数据的高价值。从某种意义上看,大数据意味着极高的价值,但相对其体量规模来说,其价值相对较低。如一部 24 小时不间断的交通监控视频中,有用的数据可能只有几秒。然而,价值密度低,并不是说大数据的价值低,在海量数据中往往蕴含着极为有用的信息。例如,商场销售情况深度分析,是从统一整合的天气影响,促销活动,货架摆放,买家的年龄、性别等多类型海量数据中,得出几条或几组类似在什么天气下,将哪两种商品摆放一起能提高销量的有用建议。虽然分析的数据量很大,获得的有价值结论很少,但仍足以让商家在激烈的竞争中脱颖而出。

作为大数据的一种,军事领域的大数据同样如此。在信息化战场,基础数据各式各样,实时数据时刻动态更新,海量数据实时汇集,大量高价值数据不断湮灭在"数据海洋"之中。在高度对抗的军事领域,从全域多维的作战行动数据中,找到几条甚至一条有价值的决定性行动数据,都将对作战进程乃至战争结局产生不可估量的影响,因此,虽然使大数据价值密度比小数据价值密度低,但在作战过程中却能为不同用户提供不同的定制性服务,促使作战人员去深度挖掘和应用,可以说,大数据中蕴含的很多价值在小数据中永远无法发现。

第三节 大数据发展历程

大数据概念是在 20 世纪 80 年代的科学预言中最早提出的,1980 年,美国未来学家托夫勒曾预言:"假如说 IBM 主机掀开了信息化革命的帷幕,那大数据就是第三次浪潮的伟大乐章。"[①]四十多年来,"大数据"从预言一步步走向现实,日趋凸显并快速发展,在经济、社会和军事等领域广泛运用,成为人类生产生活必备的核心资源。

一、孕育发展,初始应用

大数据起源于"互联网",最初由思科、威睿、甲骨文、IBM 等公司倡议发展起来。在初始阶段,大数据主要是作为各个行业的一种辅助技术手段,针对文本类或能够经语音识别转化为文本类的数据进行分析,各行业对大数据的态度还基本处于"看不见""看不起"的状态,只有少量行业先知先觉,结合自身产生的大数据进行了实践应用。例如,IBM 公司大数据项目部与我国广东的一家医院合作,依靠基于大数据的机器自主学习,搭建出一套智

---

① [美]托夫勒:《第三次浪潮》,黄明坚译,中信出版集团 2006 年版。

能化的问诊系统。此后类似的大数据运用,在移动通信及国家电网客户服务热线、银行针对个人的信用分析和异常消费预警等领域开始落地,并取得不错业绩。在作战指挥领域,世界强国军队普遍针对手机短消息通信、手机语音通话等结构相对单一的海量数据进行对比分析,及时获取机密情报,对辅助指挥人员进行决策发挥了很好的作用。总体上看,该阶段的大数据运用,初步具备了主要依靠电脑而非人来进行数据自主分析的能力,同时,由于与特定领域的行业专家结合不够,在数据分析中选用了过多的数据,产生的数据关联结论过多,有不少结论不具备实际意义,在真正解决问题时有可能对人产生误导。

二、加速发展,推广应用

随着大数据技术推陈出新、日益成熟,大数据新产品、新技术、新服务、新产业不断涌现。大数据面临着有效储存、实时分析等挑战,从而对芯片、存储产业产生重要影响,推动一体化数据存储处理服务器、内存计算等产品的升级创新。对数据快速处理和分析的需求,推动商业智能、数据挖掘等软件在信息系统中融合应用。

随着大数据在各个领域广泛运用,逐步融合到行业的各个方面,大数据成为一种重要的战略资源,不同程度地渗透到各个行业和部门,成为经济社会发展的新引擎。麦肯锡研究表明,在医疗、零售和制造业,大数据可以每年提高劳动生产率0.5~1个百分点。在宏观层面,大数据使经济决策部门可以更敏锐地把握经济走向,制定并实施科学的经济政策。在微观层面,大数据可以提高企业经营决策水平和效率。[①] 因此,各行业对大数据的态度不再是"看不见"或"看不起",而更多的是"看不懂"和"跟不上"。有更多的行业围绕大数据的价值发现进行实践应用,还有不少新行业应用因大数据运用而产生。大数据对行业发展的影响不仅是带来改进和改善,还带来了很多深刻的改变,颠覆了许多传统行业的模式,也催生了第三方数据分析咨询、多领域数据交叉运用等新的行业应用。例如,经过多年的持续研发,谷歌公司的深度学习系统已能够自动识别猫脸,为下一步自动学习各类图片和视频奠定了基础,有望彻底改变单独依靠人来进行图片判断的传统方式。

在实践上,大数据运用得到了广泛重视,就经济发展、城市交通、公共卫

---

① 余来文等:《互联网思维2.0——物联网、云计算、大数据》,经济管理出版社2017年版,第163页。

生等各行各业而言，大数据带来了意想不到的惊喜和便利，大数据已越来越深度融入社会实践。在警务领域，长期以来，数据规模过大的各类监控影像主要依赖人工分析，当计算机视觉成熟后，就能从海量的监控图片和影像中及时、准确地发现犯罪嫌疑人的面貌、行踪等，从而极大地提升了公安工作的效率。在旅游行业，通过人—机结合来分析人们在网上贴出来的众多旅行照片，为其他潜在旅行客户提供了有关旅行目的地的多角度旅行建议，成为具有广阔发展前景的旅游行业创新应用。

三、全域渗透，战略竞争

目前，物联网、移动互联网的迅速发展，使数据产生速度加快、规模加大，迫切需要运用大数据手段进行分析处理，发掘数据的潜在价值。大数据应用也给云计算带来新的实践途径，使得云计算的业务创新和服务创新成为现实。随着云计算、云空间的出现，计算机处理能力的提升，存储成本的降低，物联网的兴起，移动互联网的火热，大数据开始了新的飞跃。大数据演进发展的步伐正在加速，将不断推出先进的大数据技术，不断渗透和深刻改变经济社会各个领域的面貌。2014年，微软创始人比尔·盖茨指出，下一个技术前沿将是"计算机视觉+深度学习"。当电脑具备像人脑一样的能力，不仅能读懂文本，还能看懂图片或视频中隐含的信息时，大数据的发展将突破瓶颈。

有研究显示，大数据将创造数千亿美元的经济价值，同时催生大量新的工作岗位，还将在政治、社会、国防、文化等方面产生深远影响，从而催生大数据产业。大数据产业是指建立在对互联网、物联网、云计算等渠道广泛、大量数据资源收集基础上的数据存储、价值提炼、智能处理和分发的信息服务业，主要是让所有用户都能够从任何数据中获得可转换为业务执行的能力。目前，世界主要国家大数据产业蓬勃发展，大数据产业规模快速增长，成为经济增长的新引擎。根据赛迪顾问研究，2018年，我国大数据产业整体规模达到4 384.5亿元，到2021年达到8 070.6亿元。2019年8月，国际权威机构互联网数据研究资讯(Statista)发布报告显示，2020年，全球大数据市场的收入规模达到560亿美元，较2018年的预期水平增长约33.33%，较2016年的市场收入规模翻一倍。随着市场整体的日渐成熟和新兴技术的不断融合发展，未来大数据市场将呈现稳步发展的态势，增速维持在14%左右。2018—2020年，大数据市场整体的收入规模保持每年约70亿美元的增长，复合年均增长率约为15.33%，如图1-2所示。大数据成为未来发展中不可忽视的重要问题，成为大国战略博弈的战略制高点之一。世界主要国家都认识到大数据对经济发展、社会运行的作用,开始高度重视大数据的发展。在民用领域,到 2012 年底,世界财富 500 强中近九成企业都开展了与大数据有关的项目。

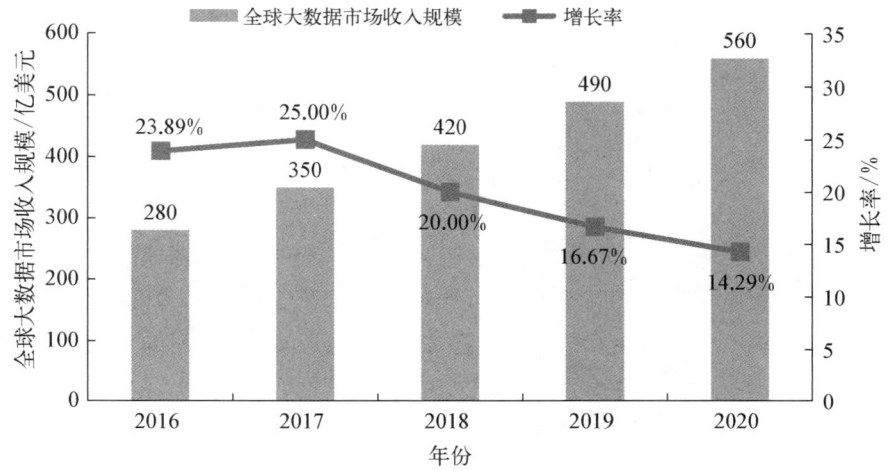

图 1-2　2016—2020 年全球大数据市场收入规模

当前,世界主要国家大数据战略竞争已经悄然展开。2014 年,我国将大数据写入政府工作报告,该年也被称为我国的"大数据政策元年"。2015 年,我国首次提出"国家大数据战略",正式印发《促进大数据发展的行动纲要》。2016 年 12 月,工业和信息化部发布《大数据产业发展规划(2016—2020 年)》,为大数据产业发展奠定了重要的基础。2017 年 10 月,党的十九大报告中提出推动大数据与实体经济深度融合,为大数据产业的未来发展指明方向;12 月,中央政治局就实施国家大数据战略进行了集体学习。自 2015 年国务院发布《促进大数据发展行动纲要》,系统性部署大数据发展工作以来,各地陆续出台促进大数据产业发展的规划、行动计划和指导意见等文件。截至目前,除港澳台外,全国 31 个省级单位均已发布了推进大数据产业发展的相关文件。目前,全国 31 个省级行政单位都设置了专门的大数据管理机构,如图 1-3(a)和图 1-3(b)所示。可以说,我国各地推进大数据产业发展的设计已经基本完成,陆续进入了落实阶段。

2012 年初,美国政府正式发布《大数据研发倡议》,将大数据从单纯商业行为上升到国家层面,进行整体研究和宏观布局,以推动数据获取、存储、分析和共享技术研发创新。欧盟大数据价值联盟与欧盟委员会先后发布《欧盟大数据价值战略研究和创新议程》《打造欧洲数字经济》等战略文件,

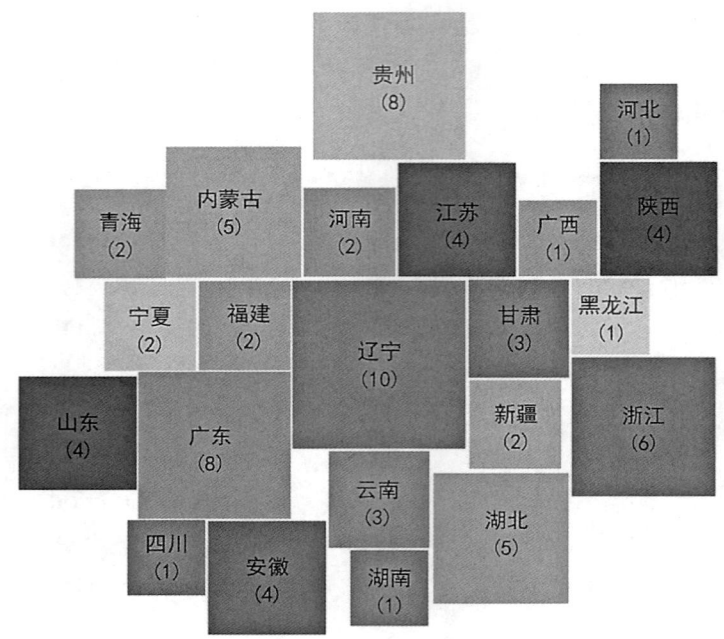

图1-3(a) 全国省级行政单位大数据管理机构设置分布情况(部分)

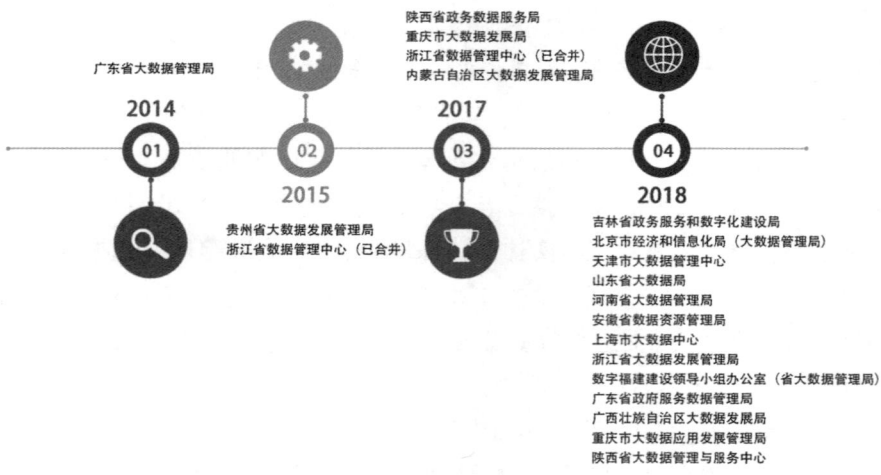

图1-3(b) 全国省级行政单位大数据管理机构设置情况(部分)

全面利用大数据驱动国家发展。在军事领域,美军大数据建设和运用起步早,启动了一系列大数据工程,积累了大量实践经验。美国国防部及下属国防高级研究计划局(DAPPA)陆续启动了一大批大数据项目,包括数据到决策、X-数据、面向任务的弹性"云"、影像检索与分析、网络内部威胁、多尺度异常检测、洞察力、机器读取、"心灵之眼"、加密数据的编程运算等,以提升数据运用效率,提升从数据到决策的能力。2016 年,美国国防信息系统局(DISA)发布了《大数据平台和赛博态势感知分析能力》报告,推动大数据平台建设,用于收集国防部信息网上的各种数据信息,并为理解和利用大数据提供分析与可视化处理工具。2017 年,美国国防部成立算法战跨部门小组,以加速五角大楼对人工智能与机器学习技术的集成,将国防部内海量大数据转化为直接服务部队行动的情报。2017 年,美国国防技术信息中心(DTIC)颁布《2017—2021 战略规划》,核心目的是加强数据融合和数据分析方面的工作。① 2017 年 9 月,美国海军部发布《数据与分析优化战略》,希望海军部门能利用数据科学和大数据相关技术,深化数据分析,提升基于数据的快速决策能力。② 2019 年 5 月,美国陆军未来司令部下属陆军应用实验室发布"颠覆性应用"项目,提出了未来 5 年需要重点关注的 15 个领域,"数据可视化与合成环境"是其中之一,目的是实现大数据可视化和导航应用,从而改善实时战场态势感知能力。

　　大数据从预言变成现实世界的要素,成为社会经济发展的新动力,其产生发展是偶然而为还是必然趋势,需要将其放到信息时代演进的大背景中进行分析。从数字化和互联互通这两个信息时代的本质特点出发,可以发现,大数据既是四十多年来人、事、物及各种相互关系等不断被数字化记录、计算和分析的客观反映,也是互联网、物联网以及可穿戴联网设备等互联互通技术和手段,不断将世界更紧密连接起来的最新表现。大数据的产生与发展,符合信息社会走向深度数字化和更紧密互联互通的基本规律。这也说明,作为信息时代发展趋于成熟的重要标志,大数据蓬勃发展的时期已经到来。大数据是新的生产要素,是基础性资源和战略性资源,大数据技术也是重要的生产力。

第四节　作战大数据的内涵、分类

　　军事大数据具有丰富的内涵,其中与作战指挥、部队行动相关的各种大数据,是作战大数据,这类大数据直接影响和决定战争的胜负。从战争和作战体系运行看,作战大数据不仅包含各种大数据资源,还包括大数据技术的运用;从资源上看,不仅包括日常战备中产生的数据、作战过程中产生的数

---

① Excellence in Action, DTIC Strategic 2017 - 2021, 2017 - 1 - 18.
② Department of Navy Strategy for Data and Analytics Optimization. 2017 - 9 - 15.

据,还包括能够为作战服务的民用数据。作战大数据种类繁杂、形式多样,可从不同角度进行区分,从数据结构看,可分为结构化、半结构化和非结构化数据;从数据格式看,可分为文本、影像、音频、视频等数据;从时间特性看,可分为静态数据和动态数据,等等。为便于军事人员准确认识和把握,有针对性地开展作战大数据建设、管理、服务和运用工作,这里从描述对象、时间特性方面进行区分。

一、基于描述对象分类

基于描述的对象,作战大数据可以分为己方数据、敌方数据和战场环境数据。

己方数据主要是描述己方部队、人员、装备、物资、位置、态势、作战方案(计划)、防护目标等与作战指挥和军事行动紧密相关的作战数据。例如,人员数据,包括人员编制、专业、年龄、性别、士气等数据;装备数据包括装备编配、分类、型号、数量、调配计划、战术技术参数、维修、保障等数据;物资数据包括物资种类、储备数量、使用反馈、保障等数据;位置数据包括力量部署、阵地设置、主要港口和机场等数据,等等。

敌方数据主要是描述敌方兵力、番号、部署,特别是敌方机动打击部队配置地域、阵地编成、火力配系、工事构筑数量和位置,障碍物设置,编制装备、防御能力、战术特点,防御性质、可能的行动,指挥员的特点,高技术武器的性能、数量和使用特点,后勤、装备保障状况,防御准备等的数据。

战场环境数据主要是描述战场自然、社会、电磁和网络环境的相关作战数据。通常,可区分为陆战场环境数据、海战场环境数据、空战场环境数据、太空战场环境数据、电磁战场环境数据和网络战场环境数据。其中,陆战场环境数据主要描述实施陆上作战的空间及其相关地域内影响作战活动的各种客观情况和条件。主要有山地战场环境、丘陵地战场环境、平原战场环境等普通陆战场环境,以及城市、荒漠、水网稻田地、高寒山地、石林地、草原、热带山岳丛林地和沼泽地等特殊陆战场环境数据。海战场环境数据主要描述实施海上作战的空间及其相关地区内影响作战活动的各种客观情况和条件。主要包括以公海为主的开阔海区战场环境数据;由群岛、列岛、群礁、礁盘及其临近水域组成的岛礁区战场环境数据;由海湾、港口、近岸岛屿的水域及海岸组成的濒陆海区战场环境数据。空战场环境数据主要描述实施空中作战的空间及其相关地区内影响作战活动的各种客观情况和条件。由战场垂直空间、地面场站系统配置地域、地面目标区的环境数据组成。主要包括大气近地层、对流层和平流层的飞行大气环境数据,地貌、地质、植被、水系、濒海地形及海岸岛屿等地表自然地理环境数据,太阳辐射、地球磁场、雷暴以及大气中光、电等自然电磁环境数据。太空战场环境数据主要描述实施太空作战的空间及其相关地区内影响作战活动的各种客观情况和条件。由航天器飞行、逐行作战的空间和航天发射场及测控站部署区、地面目标区的环境数据组成。主要包括中高层大气,电离层,太阳电磁辐射,等离子体,高能离子辐射,地磁场,地球、太阳及其他星体引力场,真空等。军事地理研究的是太空战场环境数据。

二、基于时间特性分类

基于时间特性,作战大数据通常可以区分为静态数据和动态数据。

静态数据是指在一定时间内不会发生变化,具有相对稳定性的数据。如所属部队的素质,战场的自然环境,战争历史数据,敌对国家或者地区核心军事基地、中心城市等战略目标数据,机场跑道、海军港口、导弹阵地、油库等战役战术目标数据,防空反导武器的反应时间、拦截高度、拦截距离等战技性能数据等。

动态数据是指内容、特征随时间的推移而发生改变的数据。如反映空中飞行的飞机、地面行驶的车辆、海上航行的舰船等状态的数据。实际上,随时间变化与不变化是一个相对的概念,有些作战数据总体上表现为随时间的变化而变化,但在某一时间段内又表现为相对的稳定性。此外,动态数据还可进一步区分为实时数据与近实时数据。通常,当某一目标数据反映的目标位置、运动速度、运动方向等,能够满足决策、打击周期时间时,这种数据就可以被认定为实时数据。当目标数据虽然客观反映了目标的位置、运动速度及方向等,但无法满足特定行动时间窗口的需要时,可将其认定为近实时数据。

第二章　大数据加速战争形态智能化演进

从古至今,战争形态始终伴随社会发展、科技进步、军事变革不断演进,新的战争形态出现从来都不以人的意志为转移。20世纪60年代以来,信息网络技术加速发展,战争形态呈现信息化特征,但突出反映在信息获取传递领域,重点解决要素互联互通,处于数字化、网络化阶段;随着人工智能、大数据等高新技术发展,战争形态日益呈现智能化特征,突出反映在信息关联分析领域,重点解决融合利用。大数据技术日新月异发展,渗透到国防科技和军事训练领域,在提高军事管理水平、丰富军事科研方法、加速武器装备研制、提升情报分析能力、引领指挥决策方式变革、优化作战指挥流程等方面,对军事理论创新、战场空间拓展、打击方式变革等产生巨大影响。当前,世界主要国家加快推动军事大数据建设和运用,大数据为武器系统研发、力量和作战体系建设、日常训练,提供了全方位的新动力,对备战打仗必将产生更深远的影响,加速战争形态由信息化向智能化演进。

第一节　信息化战争形态与智能化战争形态

战争形态的演变过程是革命性与传承性的对立统一。新战争形态的产生通常先是军事科技的重大突破和主导性武器装备的标志性发展,然后引起军队编成、作战方法和作战理论等全新变革,由此导致战争的整体性改变。21世纪以来,人工智能技术取得新一轮突破性进展,并在社会生产生活领域得到广泛应用,不断导致社会经济形态产生革命性变化,并逐步向军事领域延伸,对战争形态产生冲击乃至颠覆性影响,加速推动战争形态由信息化向智能化发展演进。

一、信息化战争形态

20世纪90年代,随着信息技术的快速发展,武器装备信息化程度进一步提高,信息网络高度一体化、战场结构网络化、指挥控制自动化,在当时的几场高技术局部战争实践中,信息技术和信息化武器装备得到广泛运用,战争形态加速从机械化向信息化演进。信息化战争是在网络化的战场上,以信息化武器装备为主要作战手段所进行的高技术战争。其构成必须具备两个条件:一是要以网络化的战场为支撑,二是要以信息化武器装备为主导。从整体看,信息化战争是军队、战场达到一定的信息化程度后所形成的战争形态,是信息技术高度渗透到军事领域的必然结果,其支撑是武器装备、人员及战场资源的信息化,其具有以下主要特征。

一是战场空间全维化、网络化。从战场空间的结构看,信息化战场具有网络化的特征,这是构成信息化战场、形成信息化战争的必要条件。信息化网络是信息化战场的核心,战场网络化的最大特点是整体性、多链性和同步性。它使战场的透明度空前增大,指挥人员和战斗人员能"真实"看到战场景况;信息传递更加直接和实时,加快了作战节奏和作战样式的转换速度;信息、能量、物质三者的有机结合,使得整体作战效能成倍提高;信息在作战空间大量和自由流通,极大地促进了军队的纵向和横向联系,将战场各种作战要素紧密连成一体,使各种作战力量在多点位上互为犄角、机动自由、互相支援,从而使军队打破了系统的界限,形成一个协调一致的整体,极大提升了部队的整体作战能力。

二是武器装备信息化、高效化。信息技术的迅猛发展,加速了武器系统的信息化进程。武器装备的信息化主要体现在电子信息技术成为武器装备成本的重要组成部分之一,武器系统效能的提高主要依靠电子信息技术对目标的识别、制导、指挥、控制,不再单纯依赖战斗部威力的增大。信息化武器系统所具有的战斗效能,除了传统的火力、机动力、防护力等要素外,信息力也是一个重要指标。而且,正是由于接收、传递、处理和利用信息能力的增加,武器装备的整体效能呈现出质的飞跃。计算表明,武器系统的爆炸威力提高一倍,战斗效能仅提高40%,但是,由于增加信息力,使武器对目标的命中率提高一倍,战斗效能就将提高400%。

三是作战行动精确化、一体化。随着战场网络化的形成,战场上各要素就能够有机地形成一个整体,实施陆、海、空、天、网、电多维空间的一体作战,从而形成整体合力,达成最佳的作战效果。战时各种作战力量充分享有战场信息,可以随时根据作战需要,在战场上实施无固定战线的流动性机动作战,通过各行动分队之间、各武器系统之间、单兵之间、上下级之间,以及与空中力量、海上力量之间近实时的信息交流与共享,围绕统一的总体意图,相互间主动协调行动,做到瞬时集中战斗效果,达成作战目的,实现各种力量在行动上的一体化,以取代机械化军队大规模"流水线式"的程序化作战方式。在机械化战争中,坦克、飞机的出现和无线电通信设备的使用,使军队作战行动呈现立体化,陆军、海军、空军可以同时在一个战场上,进行陆、海、空三维立体的作战,但由于各种作战要素、系统、单元缺乏信息的实时联通和融合,没有形成有机体系,无法做到作战行动与效能上的真正一体化。如果说,机械化军队的立体化作战是做到了"形合",那么,信息化军队作战的一体化则是一种"神合"。

四是指挥体制扁平化、一体化。在信息化战场上,由于信息技术广泛应用,各种指挥机构在信息网络的融合下,形成一个一体化的信息共享网络体系。这样,在分层指挥的基础上,增加了横向网络,采取外形扁平、横向联通、纵横一体的结构,就可以充分发挥信息网络的作用,使尽可能多的作战单元处于一个信息流层,提高相互协调和配合的能力,极大克服传统"树"指挥体制的缺点。最终导致整个作战指挥体制网络化、横向一体化。指挥体制的网络化、横向一体化使得单位与单位之间、武器系统与武器系统之间不仅有纵的联系,而且有横的联系,不仅有邻近级别间的联系,而且可跨越若干级别联系,从而真正达到信息共享。最高指挥官可以实时了解前方战场情况,甚至直接与一线指挥员和单兵通话。上级指挥员将在下级部队的要求下,借助辅助决策系统快速做出决策。先进的计算机、通信网络、无线电和其他技术装备联结在一起组成的指挥与控制网络,使战区指挥员可以不断地和实时地同部队的每个下属单位联系,并对所属部队的作战行动进行实时的纠偏调控。

五是信息优势争夺激烈化、全程化。在信息化战争中,各种侦察卫星、气象卫星、导弹预警卫星获取了大量的情报,使战场变得空前透明;航天侦察、红外遥感和热成像、导弹预警、雷达探测、夜视、海洋监视等技术,构成了全方位的信息控制系统,能严密监视敌方的兵力部署和行动;通信卫星、光纤、数据、图像、传真乃至智能化通信,构成了战场多样化、高速度的信息传递体系。据统计,海湾战争前后90天的通信量超过了全欧洲40年的通信量。信息成为决定战场物质和能量流向的重要因素,对信息的控制权成为交战双方首要争夺的焦点,战争的重心已经偏移到信息领域,制信息权就明显地显现出来,并成为现代战争的"制高点"。制空权和制海权的获取都离不开制信息优势的获取与保持。信息化是现代空军装备的突出特点,争夺制空权的斗争,必然与围绕信息技术的运用和反运用而展开的夺取信息优势相联系。在高技术海战中,舰艇、飞机及武器装备的作战使用的效率,在很大程度上取决于其信息系统能否发挥威力,要想控制敌方的海上作战行动,首先必须控制敌方的信息系统,通过获取信息优势,进而达成夺取制海权的目的。

二、智能化战争形态

智能化战争是以人工智能技术为支撑,运用智能化武器装备及相应作战方法,在陆、海、空、天、网、电及认知领域进行的全维一体战争。当前,智能化战争还处在加速孕育和发展的阶段,世界范围爆发的局部战争已经呈现了智能化的特征,但成熟的智能化战争还没有真正到来。

(一)智能化战争形成的时代动因

战争形态的产生和形成都有其特定的时代因素。当前,人工智能技术快速发展,带动了一系列高新技术群发展,不断推进军事智能化发展,世界主要大国日益重视军事智能化战略竞争,智能化作战实践不断丰富,智能化战争也随之加速形成和演进发展。

1. 人工智能为核心的高新技术是智能化战争的技术支撑

21世纪以来,以"智能、泛在、绿色"为主要特征的新科技集中崛起,特别是人工智能在移动互联网、大数据、超级计算、脑科学等新技术、新理论的驱动下,呈现深度学习、跨界融合、人机协同、群智开发、自主操控等新特征,引发军事领域链式突破,使人、武器,以及人与武器、武器与武器的结合方式都发生了重大变化。其中,人工智能技术发展和应用正在成为推动信息社会深度发展的决定性力量。人工智能是计算机科学的一个重要分支,主要研究、开发用于模拟、延伸和拓展人的智能的理论、方法和技术。人工智能技术的发展和应用,将会打造新的社会物质基础,不仅会重塑一般的社会生产活动,而且会影响战争和军事这一特殊的社会活动。人工智能的发展和应用形成新的经济产业,对已有的社会经济体制产生冲击,推动经济结构和关系的调整与重塑。这种冲击和影响不仅停留在社会生产生活领域,必然要向军事领域辐射发展,人机混合编成、无人蜂群作战、基于系统的认知欺骗等将成为可能,作战方式、指挥控制、体制编制、后勤保障、军事训练等各领域出现体系性重大创新,彻底改变军事力量的构成和战争形态,由信息化战争向智能化战争发展。

2. 军事智能化是智能化战争形成的物质基础

一种新战争形态的全面到来,不是新技术武器系统的巨大战斗效能在一两场战争中的偶尔显露,而是人们在主观上真正认识新技术和武器系统对战争的深刻改变,探索出与新技术武器相适应的新的作战方式,形成相应的先进作战理论,并依此调整军队编制体制,自觉地按新作战理论指导战争实践。随着大数据、云计算和深度学习方法等新技术发展，人工智能在感知智能领域和认知智能领域加速突破，并在军事领域推广应用，首先是催生各种智能化武器装备，如指挥控制人机协作、人体机能增强改良、脑联网等技术都有力牵引了相应的智能化装备发展。智能化技术手段的运用必然导致作战方式、战争规则发生颠覆性改变，进而产生颠覆性智能化作战理论；智能技术和装备的运用，使人与武器的结合发生根本改变，无人机编组、无人潜航器编组、机器人士兵编组必然走上战场，此外，作战力量编成日趋模块化、一体化，各作战单元可以根据作战需要适时适地无缝链接，传统的军种体制将进一步转向系统集成。军事智能化也随之诞生并不断深化发展，全方位推动战争形态由信息化向智能化转变。谋求未来智能化战争主动权，必须推进军事智能化发展。美军为掌握下一场战争的主动权，提出"第三次抵消战略"，明确把人工智能和自主化作为优先发展的技术支柱，从战争设计、作战概念开发、技术研发、军费投入等方面加快推进军事智能化发展，积极抢占军事智能革命先机，谋求以新的技术代差优势掌握战略主动权。俄罗斯强调人工智能系统不久将成为决胜未来战场的关键因素，坚持把有限的科技资源投入战略价值高、技术前沿、极具实用性的领域，将智能化作为武器装备现代化的关键，注重武器装备的智能化改造，开发作战机器人以及用于下一代战略轰炸机的人工智能导弹等，明确提出到2025年把无人作战系统的比例提高至30%。英、法、印、日等其他大国也不甘落后，纷纷加大军事智能化投入和布局力度。

3. 大国战略竞争是智能化战争形成的现实牵引

大国战略竞争以及由此产生的军事需求，是推动战争形态演变的关键因素。大国之间的竞争是综合实力的竞争，军事竞争是其重要手段。人工智能作为一个新的经济增长点，将带动形成新一轮产业革命，并且为未来战争提供新的物质基础。世界主要大国已经充分认识到这一点，都在加快布局人工智能领域的创新发展，努力引领国际科技竞争，把发展人工智能作为提高国家综合实力、维护国家安全的重要战略支撑。美国政府和相关研究机构已经陆续发布了《为人工智能的未来做准备》《国家人工智能研究与发展战略计划》《人工智能、自动化与经济》《2030年的人工智能与生活》《人工智能与国家安全》等报告，注重从国家层面推出相应发展战略，提出发展以人工智能为核心的国家安全政策建议，从军事演习、战略分析、重点投资及情报应对等多方面推进相关工作。俄罗斯也不甘落后，批准执行《2025年前发展军事科学综合体构想》，从战略层面指导人工智能技术和产业的发展。欧盟也发布了《欧盟人工智能》《人工智能协调计划》等一系列报告。

这些人工智能发展战略规划必将对军事领域的发展变化起到重要的牵引作用。可见，人工智能作为全球公认的战略性、颠覆性前沿技术，已上升到国家战略层面。世界主要国家围绕人工智能的激烈的国际战略竞争，也必然会推动战争形态智能化演变和发展。

4. 推陈出新的战争实践是智能化战争形成的实践沃土

战争形态演变始终是在战争实践中不断孕育发展的，每一种战争形态的发展变化都是在战争实践中不断从量变到质变、从渐变到突变。进入21世纪以后，国际战略格局深度调整，各种矛盾纷繁复杂，各种战争和武装冲突不断发生，在乌克兰危机、叙利亚战争等军事实践中，智能装备在战场上的运用范围越来越广、投入数量越来越多、作战场景越来越复杂。在叙利亚战争中，参战的多方力量都运用了多种类型的无人装备。2015年，俄罗斯在叙利亚战争中第一次成建制使用4台履带式"平台-M"战斗机器人和2台轮式"阿尔戈"战斗机器人，以及无人侦察机和"仙女座-D"自动化指挥系统，开创了以战斗机器人为主力的地面作战行动。叙利亚反政府武装也通过对商用无人机改装，形成简易军用武器平台，对俄罗斯军队及叙利亚政府军进行袭扰。2018年1月，俄军在叙利亚战场首次运用反智能化装备击毁、干扰、俘获13架来袭无人机。2019年9月，十几架无人机袭击了沙特的两处石油设施，致使其石油产量减半。在2020年的纳卡冲突，阿塞拜疆军队对亚美尼亚军队的攻击行动中，无人作战平台第一次超过有人平台，达75%以上，无人机的使用数量、频率和强度均创人类战争史之最。日益频繁的无人化、智能化作战实践，将推动智能化作战手段和反智能化作战手段迭代升级发展，为智能化战争提供了重要的试验场，加快推动智能化战争从低级向高级发展。

5. 社会生产智能化是智能化战争的社会基础

人类用什么方式生产，就用什么方式作战。进入21世纪以来，人工智能技术快速发展和普遍应用，正在不断改变人类社会的生产和生活方式。同时，这种改变将会由社会生产领域向军事领域辐射，从而引发军事领域的革命性变化。随着人工智能技术的发展和应用，各种智能化的技术手段极大地改变了传统的社会生产和管理模式。通过能够精准感知需求的智能化信息网络平台，未来的企业可以通过智能生产线提供柔性制造能力，推动生产制造从提供产品向提供服务转变。这一转变延伸到军事领域，将催生定制化、自动化、实时化的国防科技工业管理新模式，提高军事科研单位与军工企业的军事需求快速响应能力和定制服务能力。在人工智能突飞猛进的背景下，国防基础设施尤其是信息基础设施，将具有更强的军民通用性质。

通过各类信息系统对不同类型的数据实时自动采集、储存、处理、传输等，可以在更大的范围内为作战提供信息服务和保障。民间力量可以运用多种技术手段，在更大的范围内融入围绕"制智权"争夺的各种军事和非军事行动，对关系国计民生的重要基础设施和敌人作战体系关键节点实施高效的软手段攻击，使其毁坏、失效或者瘫痪，从而直接削弱敌方的战争能力与战争意志。与此相应，人工智能的大规模应用也导致各类智能化基础设施对"软杀伤"防护的需求更为突出。

（二）智能化战争的主要特点

在智能化战争中，智能化装备大量运用，成为武器装备的主体，"人—机"混合编组成为重要的作战编成方式，最终导致作战手段、方式和战法运用的发展，呈现许多新的特点。

1. 智能化装备是行动主体

智能化战争就某种意义上讲，就是以智能化装备为主角的战争形态。嵌入人工智能的智能化装备具有一定的人类认识和思维能力，可以自主完成"侦—控—打—评"行动过程，此外，这些不畏生死的智能化武器装备将具备人所不具备的在高风险、高对抗环境中的持续作战能力，同时使战争中的人员伤亡大幅减少，降低战争的政治风险。在战场上，分散部署在陆、海、空、天、网、电等各维空间的智能化装备处于敌我对抗前沿，能围绕统一的作战企图实施自主作战，作战人员主要在后方实施筹划决策和指挥控制。可以说，智能化装备的技术水平、数量规模及作战运用，直接决定战局走向和最终的胜利。目前，许多国家的军用机器人已经开始服役，并投入实战运用。美国陆军正在发展地面作战机器人，以此组建士兵与机器人的混编班。美国海军已经构建了空中、海上和水下相配套的无人作战体系，"多用途无人战术运输"地面车辆、"忠诚僚机"无人机、"黄貂鱼"舰载无人加油机、"海上猎手"反潜无人艇、卫星机器人、"网络空间飞行器"、"自适应雷达对抗"、"阿尔法"超视距空战系统等各种智能装备纷纷涌现。可以说，这些智能化装备必将成为未来战争的重要制胜手段，武器装备的智能水平决定着战场综合控制权的争夺。战时，丧失对于人工智能有效运用能力的一方，可能导致情报失真、决策失序、协同失调，大幅降低整体作战效能，将在战争过程中面临极大的被动，乃至失败。充分发展和有效运用各类智能化武器系统，是智能化战争争夺的制高点。

2. 云环境是作战体系的基本支撑

云计算、大数据、泛在网、虚拟化、分布式技术等技术的发展和运用，嵌入智能单元的信息网络，改变了数据信息的传输、处理和利用的方式，形成一种弹性、动态的"作战云"。战时,通过统一的标准协议、共享机制,形成多维覆盖、网络无缝链接、用户随机接入、信息资源按需提取、组织保障灵活快捷的云信息环境,为作战按需获取资源提供可能,为达成"跨域协同"提供支撑。这种云环境以泛在网为物理架构,通过云技术高度共享陆、海、空、天、电多维空间数据,以大数据为"血脉",以云计算为主要信息处理方式,形成独立而强大的数据获取、处理和传输能力,从而真正实现"数据仓库""云端大脑""数字参谋",为指挥决策和部队行动提供实时信息支撑。这样,依托云环境的全域支撑,就能够实现陆、海、空、天、网、电等作战空间的资源整合,完成战场数据的网状交互、信息一体融合,实现战场态势在各域作战要素甚至平台上按需分发,进而增强各维空间信息实时共享,使各种作战要素能实现即时聚合。各维空间的作战单元、要素,既能根据统一企图实施分布式作战,又能跨域协同打击。

3. 指挥决策"人机协作"

在智能化战争中,指挥决策系统在云环境的支撑下,建立高效的态势感知、分析决策和指挥控制能力,实现由信息系统辅助人向智能系统替代人的转变。综合运用智能算法、大数据、云计算等关键技术,实现指挥员与智能辅助决策系统的深度交互,快速、准确地判断和预测战局发展,快速准确地筹划决策。此外,作战行动具有"秒杀"特点,人脑无法应对瞬息万变的战场态势,必须把部分决策权让给智能化装备。战时,通过云环境,指令自动传递到相应的智能化装备。智能化装备既要执行指挥员的决定,又要根据实时态势灵活、自主决策,具有一定的自主行动权。当前,凭借先进技术支撑,美军加快推进人机协作决策试验和实践运用,如试验利用"阿尔法狗"(AlphaGo)的深度学习能力辅助指挥员决策指挥。实验表明,得益于其强大的自主学习和数据分析能力,"阿尔法狗"调整一项战术决策的时间,只需人工的1/250。大数据分析、虚拟现实、云计算等技术与人工智能有机结合,有效地弥补了人类自身机能的不足,最大限度地消除了"战争迷雾",确保指挥员能够快速准确地了解战局,作出决策,从而掌握"观察—判断—决策—行动"循环链的主动权,形成对敌决策优势。

4. 作战编组"人—机"结合

由于无人车、无人飞机、无人舰艇、太空机器人等各种无人作战系统的大量运用,作战力量将主要以有人—无人协同作战编组。这种"人—机"结合作战编组,尽可能保持功能模块化,战时,通常围绕统一作战目标,根据任务需求,抽组力量,灵活编成小型化的作战群队。通过泛在网络,不同的功能模块随机联接,并融合成一个大体系。当前,"人—机"结合作战编组逐渐从前瞻设计进入军事实践,在科幻电影《阿凡达》中,有人战机与无人机密切配合,使用精确而猛烈的火力对目标实施攻击,已经勾画了人—机混合编组的未来运用。美军"第三次抵消战略"的关键技术领域包括"人机合作""高级有人/无人作战编组"。早在2015年,美国洛马公司就与美国空军研究实验室一起开始为F-35战机量身打造了一款"忠诚僚机";2017年4月,基于"忠诚僚机"的有人—无人编组演示实验成功完成,作为美军"第三次抵消战略"重点发展的技术领域之一,"忠诚僚机"计划有望首先发展出第四代战斗机改进而来的无人驾驶僚机,实现无人僚机自主与有人机编队飞行并开展对地打击;美军实施的代号为"猎人远距杀手"的试验,利用"长弓阿帕奇"武装直升机与"猎人"无人机组成战斗编队,通过"猎人"无人机的侦察装置探测和识别目标,有人—无人协同实施机动和攻击发射。欧洲军事强国竞相发展有人—无人编组重点项目,法国达索飞机制造公司就成功实现了"神经元"无人机与"阵风"战斗机编队飞行数百千米的试验,英国的"未来空军进攻性系统"研究计划,其中一个重要项目就是探索有人机、无人机空射巡航导弹组成的混合编队体系作战能力。

5. 时统系统是作战协同的基准

在智能化战争中,陆、海、空、天、网、电各维作战空间一体融合,作战是复杂的巨体系对抗,相对传统作战,作战要素、系统功能区分更细,任务区域往往是局部战场,但与作战关联的区域更为广阔,关联的区域在信息网络支撑下形成一体。战时,执行不同作战任务的智能化装备高度分散部署,没有统一、精确、可靠和实时的时间信息作为保证,就无法实现传感器信息融合,战场态势感知、联合作战和武器控制、部队的整体作战效能就得不到有效发挥。然而,战场态势共享的前提是各作战平台必须建立作战系统全网统一的时间基准。因此,为确保各种固定和机动作战平台保持时间同步,以满足不同层次的武器装备系统在不同作战阶段、作战任务中对时间信息的需要,必须构建时间统一信息系统,依赖高度精确的授时系统提供统一的时间基准。美军的时间基准为美国国防部标准时间,是海军天文台(USNO)保持的,有多种导航定位与授时系统提供导航定位和授时服务,主要有全球卫星定位系统(GPS)、地基罗兰C导航系统等。俄罗斯卫星导航定位和授时系统是格洛纳斯(GLONASS),地基导航系统是恰卡系统。在未来作战中,分散、独立的智能化装备主要依靠时统系统来组织行动的协调和配合,实施分布式自主作战行动,实现作战效能快速、聚焦释放。

6. 作战保障按需精确化

智能化战争的作战要素、单元和系统高度分散部署,战时,需要根据实时的战场态势,实时聚合各种作战效能,实施精确释能打击。这样,作战保障力量必须根据不同作战力量的需求,利用智能化的作战保障网络,快速传递部队所需要保障的实时信息,确保分散部署的物资能够按需投送到指定的区域,甚至能够根据需要,高效组织生产和储备,做到按需实时精确化保障。其中智能化的作战保障网络,将各种保障要素和单元,凝聚成一个有机的、动态的保障体系,为指挥员提供包括工业、交通、医疗等综合保障数据,推演作战保障方案;动态监控战场态势、优先提供实时战损、物资补充等关键信息,实现纵向上的上挂下联、横向互通有无的网络化、定制化的数据信息服务;实现保障分队、装备平台之间的信息交互、数据计算和资源共享服务。此外,战时一线的侦察、打击行动主要由智能化装备组织实施,而且,智能化装备的动力和能量保障主要在战前预先储备。技术专家、指挥员和保障人员处于后方对智能化装备实施远程指挥控制,提供各种技术保障。当然,智能化装备效能的发挥,一刻也离不开后方的操控和保障,相对传统作战,智能化作战的保障重心向后方转移。后方保障人员对战局发展和走向的影响空前增强。

第二节　大数据助推军事智能化发展

战争形态的演进由社会发展、科技进步引发,科学技术是其中最活跃、最具革命性的因素,科技创新是战争形态和作战方式发生变革的真正原动力。从木石化、金属化、火器化、机械化到信息化,战争形态的每一次革命性发展,都伴随一次重大技术革命,创新的技术在军事上广泛应用,带来武器装备、军事理论、作战样式、体制编制的深刻改变,最终促使战争形态的质变。当前,大数据、人工智能、物联网、云计算等高新技术群快速发展,深刻改变了武器装备、作战方式运用等,加速了军事智能化发展。大数据不仅是其中最具革命性的高新技术之一,而且与人工智能、物联网、云计算等技术融合共生发展,是军事智能化发展的重要革命性因素和动力。

一、大数据是人工智能的内生动力

人工智能的"智慧"离不开各种数据支撑,特别是新一代人工智能以高级机器学习为典型特征,海量数据不仅为机器学习创造了条件,而且大数据分析拓展了智能的产生渠道。在机器智能领域,数据量的大小和处理速度的快慢直接决定智能水平高低。谷歌利用数据量提升翻译质量的故事,充分说明了数据规模对机器智能的影响。2005 年,美国国家标准与技术研究所举办机器翻译软件测评,当时有世界多家机器翻译界老牌公司参加,谷歌还是初出茅庐。然而,谷歌取得了第一名,得分远远高于其他公司。在汉译英方面,谷歌获得了 0.513 7 BLEU 分数(表示机器翻译结果与参考翻译结果的相似度),第二名和第三名的公司仅达到 0.340 3 和 0.225 7。① 事后,谷歌公布了自己的秘密:用更多的数据,不只是比其他团队多一两倍,而是多上万倍的数据,因为谷歌可以通过搜索引擎收集互联网上的海量双语语料数据。由此可见,数据规模大小直接影响着智能涌现。

从深层次看,传统人工智能主要依赖输入的规则模型,在解决一些规则较清楚的问题上相对有效,面对复杂问题往往无计可施,在机器学习的基础上发展起来的新一代人工智能,采用了人工神经网络,可在人不用提前告知规则的情况下,从海量的基础数据中进行识别。利用神经网络可以让机器进行深度学习。从技术层面上,如果多台电脑、多个芯片联网进行机器学习,而且具备多个网络层次,就进入了"深度学习"的范畴。20 世纪 70 年代,人们发现利用多层的神经网络,就可以逐层递进找到模式中的模式,让计算机自己解决复杂的问题。然而,多层神经网络的复杂性大大增加了训练难度,数据的不足和硬件计算能力成为掣肘。20 世纪 90 年代,互联网投入商用,促使分布式计算方法获得长足发展。分布式计算技术发挥了"人多力量大"的优势,让多台普通计算机可以协同工作,各自承担计算任务的一部分,并把计算结果汇总,效率可以超过超级计算机,而且分布式的结构更好适应了日益增多的数据量。由此可见,深度学习的核心理念是通过增加神经网络的层数来提升效率,将复杂的输入数据逐层抽象和简化的,也就是将复杂的问题分段解决,每一层神经网络就解决每一层的问题,这一层的结果交给下一层去进一步处理。深度神经网络空前优化了机器学习的速度,使得人工智能技术获得了突破性进展。② 由此可见,海量数据是人工智能不可或缺的资源。美国《国防部数据战略》中,将用于人工智能的训练数据称作"国防部最有价值的数据资产",并作为该战略的主要指导原则,既体现了美国国防部运用人工智能带动数据应用的战略意图,也凸显了数据对人工智能的作用。

在军事领域,智能化首先是实现武器装备的智能化,不仅是对传统武器

---

① 李彦宏:《智能革命——迎接人工智能时代的社会、经济与文化变革》,中信出版社 2017 年版,第 78 页。
② 李彦宏:《智能革命——迎接人工智能时代的社会、经济与文化变革》,中信出版社 2017 年版,第 86 页。

平台进行智能化改造升级,更体现在发展具有智能特征的无人作战系统上。在此基础上,要顺应"智能+"时代要求和智能化保障方式转变的趋势,综合运用人工智能技术,构建随机接入和信息按需共享的服务平台,形成敏捷弹性的资源组织机制和智能化服务模式,支持各类资源和系统功能按需共享、柔性重组,实现数据保障体系全域快速响应支撑,各种作战要素之间融合、关联、交互特征明显,战场生态系统将发生实质性的变化,形成由 AI 脑体系、分布式云、通信网络、自主群、各类虚实端(连接云和网的装备、人员)等构成的作战体系、集群系统和人—机系统,简称"AI、云、网、群、端"智能化生态系统。[①] 大数据、云计算以及大数据资源应用,渗透上述每个领域及不同环节,直接支撑智能化作战体系的构建和运行,是实现智能态势感知、智能信息处理、智能指挥决策、智能力量编组、智能攻防行动和智能综合保障的基本保证。美军认为人工智能和大数据是"一枚硬币的两面",两者密不可分,为此,他们加大军事大数据投入,在整个国防部和各军种范围内推动军事大数据发展,从而谋求未来智能化战争绝对优势。

二、人工智能引领军事智能化技术革命

在历史上,新的战争形态总是相伴一种革命性军事技术的诞生。每种战争形态都有典型的核心军事技术,支撑战争技术形态、组织形态和力量运用形态的全面变革。军事技术的发展,一方面取决于战争需求,另一方面依赖于该时代科学技术的发展状况。通常,随着新技术不断涌现并在军事领域应用,往往会出现一种最具革命性潜力的新技术,对战争和作战体系构建运行、制胜机理和作战方式会产生全局性影响,从而引领该阶段军事技术的全面发展,最终引发军事技术体系的变革。

20世纪以来,微电子、计算机、网络等信息技术加速在军事领域转化运用,坦克、舰艇、飞机等传统机械化武器平台越来越多地嵌入信息要素,各类预警探测、指挥控制、火控制导、导航识别等信息系统快速发展,武器系统日益呈现数字化、信息化。在战争实践中,天基侦察监视、导航定位等信息支援力量广泛运用,先进精确制导武器大量投入实战,非接触精确打击、电子战、网络战等新的作战样式在战火中孕育诞生。信息成为与物质、能量同等重要的战争资源,信息优势成为敌我争夺的焦点,促使战争对抗的重心从以物质、能量为主向以信息为主转变。信息技术发展引发了世界范围内新军事变革。

---

① 吴明曦:《智能化战争——AI军事畅想》,国防工业出版社2020年版,第89页。

21世纪,人工智能、大数据、物联网、云计算、区块链等新兴信息技术不断涌现,信息技术迎来了新一轮变革性发展,进一步促使作战方式和制胜方式产生改变。美军明确指出,先进计算、大数据分析、人工智能、自主技术、机器人、定向能、高超声速和生物技术等8项新技术,将确保美军打赢未来战争,并最终改变现代战争的特征。从某种意义上看,大数据、物联网、云计算、区块链等技术,从根本上促使信息获取、传输和利用发生颠覆性改变,使得信息效能极大涌现,驱动机器智能的出现。从技术上看,各种信息技术的发展,为智能的出现提供了基础支撑,可以说,人工智能是高新技术集成发展引发的结果,人工智能技术也成为新时代高新技术群的核心。所谓人工智能,是由人工制造系统所表现出来的智能,人工智能技术可以使机器具有一定的类人"智能"。1956年,达特茅斯学院召开的"人工智能夏季研讨会"上正式提出了"人工智能"概念,但由于受到算法逻辑和计算机硬件技术等方面的制约,在第二次世界大战后高技术发展时期没有得到快速发展。进入21世纪,互联网、移动互联网飞速发展,互联网改变了信息基础设施,移动互联网则改变了资源配置方式,为人工智能发展提供了新驱动。例如,互联网融入人类生活的各个领域,不仅产出了海量数据,而且催生了云计算方法,把千万台服务器的计算能力汇集,使得计算能力得到飞速提高。海量的数据、越来越强的计算能力、越来越低的计算成本,为人工智能的发展提供了强大动力。

人工智能的实现是以多种高新技术群为支撑的,主要有机器人、专家系统、智能机及智能接口、机器视觉与图像理解、语音识别与自然语言理解、武器精确控制、自动目标识别、无人驾驶技术、神经网络等技术。当前,随着人工智能技术加快升级和完善,催生了以机器学习、仿生技术等为代表的智能化技术群,原来很多需要费脑力的事,人工智能都可以帮助人类完成。正如工业革命在100年前改变了社会一样,人工智能将全方位改变人类社会。在军事领域,人工智能技术加速发展和实践运用,对武器装备、作战指挥、力量运用、战法创新和体制编制等产生了全方位影响,武器装备日益智能化,有人—无人将成为重要编组模式,军事智能化开始萌芽发展,引起军事领域全方位、深层次的变革,新一轮军事技术革命将以机器人和自主系统为核心。当前,从世界范围内看,主要国家军队已经在军事战略、装备发展、作战理论、实战运用等方面,推动新军事革命向智能化方向迅速发展。

人工智能成为颠覆性技术竞争的重要领域,加快了军事智能化的步伐。世界主要国家都把军事人工智能作为未来可能产生主导性、颠覆性和战略性影响的军事技术。当前,美、俄都把人工智能视为"改变游戏规则"的军用颠覆性技术。2016年以来,美国先后发布了《为人工智能的未来做好准备》《国家人工智能研究与发展战略规划》《人工智能、自动化和经济》等多部白皮书,详述人工智能的发展现状、规划、影响及具体举措。美国军方已将人工智能置于维持其主导全球军事大国地位的科技战略核心。为此,美军开始逐步构建以军事技术和军事应用为两大支撑的智能化军事体系。美国国防部明确人工智能和自主化为新抵消战略的两大技术支柱。美"第三次抵消战略"的关键技术领域包括"人—机合作""高级有人/无人作战编组""自主武器""机器辅助人类行动"等。这些技术都是以人工智能为支撑的。2016年8月,美国国防科学委员会《自主研究报告》认为,当前传感器已经实现全频谱探测,机器学习、分析与推理技术已经实现以任务为导向、以规则为基础制定决策,运动及控制技术已经实现路线规划式导航,协同技术已经实现人—机和机—机间基于规则的协调,自主技术发展已处于即将取得突破的临界点,应加速推进其向作战应用的转化。2016年3月,俄罗斯国防部长批准《2025年前发展军事科学综合体构想》,重点关注人工智能等前沿技术的发展应用。人工智能在军事领域的运用可见一斑,但运用的广度、深度将大幅增加,荷兰权威机构发表的《军事市场中的人工智能技术》报告,分析2025年人工智能技术在军事市场的价值,将从2020年的63亿美元涨至116亿美元。

三、人工智能赋予未来武器系统"智能"

战争形态的演变通常始于颠覆性军事技术引发武器装备的革新发展。在历史上,内燃机、发动机等机械化技术的发展和应用,大幅提升了传统武器系统的机动力、打击力和防护力。信息、网络等信息技术的发展和应用,不仅为机械化武器平台嵌入了信息功能模块,而且推动了指挥信息系统的发展,拓展了作战要素、系统、单元的链接深度和广度。人工智能、大数据等技术的发展和应用,一方面,增强了传统信息化武器平台的自主能力,使其具备自主发现、判断和行动能力,另一方面,为无人作战系统的诞生提供了技术支撑。可以说,没有人工智能技术的军事应用,就不可能出现完全自主的无人作战系统。

在未来战场上,无人作战系统嵌入了各种人工智能技术,具有较强的自主行动能力,能围绕统一的作战企图,自主实施各种作战行动:一是自主侦察预警。小型化、智能化的侦察卫星、无人机、地面(水上)传感器等侦察预警装备融入了先进的感知智能技术,能自主搜集各种目标数据,对多源数据进行分析研判,然后依托泛在网络将数据汇集到相应的数据处理节点,进行综合分析处理，形成战场实时态势图。二是分布式集群攻击。可依托云环境支撑，整合情报、侦察、监视资源，陆、海、空、天、网、电等多维空间的无人作战系统，自适应任务规划，小编组、多方向同时突防，以全域作战行动优势消耗敌方防御能力，使其防御体系的探测、跟踪和拦截能力迅速饱和，然后对目标进行多点打击。三是群体协同联防。当敌方采取分布式攻击行动，实施多向、多点聚焦打击时，传统防御手段和方式，很难发挥其应有作用，实施有效的抗击、反击行动。这时候，分散部署在多维空间的智能无人作战系统，可形成一个协作、联防网络，处于网络中任何节点的无人作战系统发现敌方攻击征候，及时通过云环境向网络内其他无人作战系统分发态势信息，处于不同位置的无人作战系统根据敌方攻击、自身功能、友邻单元功能等情况，自主采取防御行动，或配合其他无人作战系统协同抵抗敌方攻击。四是智能网络防护。由于智能模块的广泛嵌入，未来的网络攻防模式也渗透了智能对抗。在网络防御方面，主要是智能的自主侦察和应急响应。智能网络侦察系统对泛在网络中的海量数据进行挖掘分析，识别网络攻击征候并发出告警。智能网络响应系统，根据敌方攻击行动特点、破坏与影响等，自主选择网络武器组织防御行动，恢复网络系统。智能溯源系统，持续跟踪、定位攻击源头。必要时，综合运用各种作战技术手段实施精确反击，瘫痪攻击源系统，确保网络服务的稳定性和连续性，保护数据安全。

当前，无人作战系统已经成为世界主要国家军队发展的重点，美俄等国的军队积极开展智能技术在侦察预警、防御、进攻、保障等领域的预研工作，加强技术储备，同时加快发展无人车辆、无人机、无人艇、无人潜航器等新型智能化无人作战系统。美军持续推进"多用途无人战术运输"地面车辆、"黄貂鱼"舰载无人加油机、"海上猎手"反潜无人艇、远程智能反舰导弹、"行为学习自适应电子战""自适应雷达对抗"等装备项目，无人装备在装备体系中的比例逐步增大。2016年，日本防卫省发布《无人装备研究开发构想》，聚焦无人飞行器技术，提出要以推动无人机成为未来10—25年主要防卫装备为目标，围绕机身、动力、自主、人工智能、指挥系统及通信、传感器、电子战等技术开展研究。

四、智能化驱动战争形态加速演进

人类有什么样的生产方式，就有相应的作战方式。人工智能技术快速发展，并在社会经济领域广泛运用，军事领域对人工智能提出了迫切需求。首先，在物质文明和精神文明空前发展的时代背景下，战争胜利的内涵有了新发展，人类普遍希望从战争的暴烈性中解放出来，最大限度减少战争中粗放式能量的释放和巨大破坏。其次,战争决策者更加注重运用技术革命提供的新手段,运用可控性好、精确度高的武器装备破击敌方作战体系,通过规模有限的战争方式达成战略目的。最后,未来战争是复杂的体系对抗,需要以先进技术来完成人类难以胜任的作战任务。

依靠人工智能,通过运用算法、计算体系,把知识从数据中提取出来,人们就可以利用知识进行预测,解决作战筹划决策、指挥控制自动化问题,最大限度地满足上述军事需求。这种人工智能主要体现在三个方面:一是计算智能,表现为会算,帮助人类存储和快速处理海量数据;二是感知智能,表现为感知外界,辅助人类做出判断;三是认知智能,表现为像人一样思考,主动采取行动。这样,嵌入人工智能的智慧兵器可以自主完成"侦—控—打—评"行动。各种智慧兵器可以围绕统一的作战企图实施自主行动,"蜂群作战""算法战"等智能化作战样式随之诞生。军事革命必然开启从数字化、网络化走向智能化的历程,智能化军事发展成为军事变革的新方向。军事智能化是在信息化基础上,在军队建设各个领域广泛运用人工智能技术,渗透和优化军事体系,推进军队整体转型的持续发展过程。智能化是以认知为中心,利用人工智能技术增强、延伸和替代人的智力,核心是以人工智能全面优化和提升火力、机动力、防护力和信息力等战斗力诸要素,建设重点是以智能算法、并行算力、大数据等为基础支撑的智能化作战体系。[1] 军事智能化已经成为世界军事发展的必然趋势,抢占未来军事智能化竞争制高点,打赢未来智能化战争,必须加快推进军事智能化发展,夯实智能化战争的各项战略准备。

在装备研发方面,人工智能技术在军事领域广泛应用,必然催生各种智慧兵器,即具有自主行动能力的无人作战系统。随着技术发展以及不同空间(领域)的作战需求牵引,必然催生适应不同空间(领域)作战需要的无人作战系统。主要包括下列装备:① 地面战斗机器人,其具有持续作战时间长、反应速度快、生存能力强等特点,更适应在危险环境中执行特殊作战任务,美军断言,20世纪地面作战的核心武器是坦克,21世纪则很可能是军用机器人;② 地面无人作战平台,主要是各种无人车,其能独立进行判断和计划,可运用于侦察、排雷、防生化、进攻、防御以及保障等各个领域;③ 无人机,未来智能无人机应具备隐身性能,可自主规避敌侦察设备,自主规划航线,美军RQ-4"全球鹰"、RQ-170"哨兵"隐身无人侦察机,MQ-1"捕食者"、MQ-9"死神"无人攻击机,以及K-MAX无人运输直升机,在阿富汗、

---

[1] 袁艺:《新时代"三化"融合发展研究》,《中国军事科学》,2020年3月。

伊拉克、利比亚战争中得到广泛运用;④ 无人舰艇,主要包括水面无人舰艇和水下无人潜航器;⑤ 无人空间飞行器,其能在太空驻留或利用太空跨域飞行,美军 X-37B 是世界上第一个将卫星技术、航天飞机技术与飞机技术融合到一体的可重复使用的空间飞行器;⑥ 智能弹药,其可在复杂战场环境中准确、连续地跟踪目标,自主探测和处理数据,自主识别敌我,自主选择载荷等,并能做到自毁和回收;⑦ 智能辅助决策系统,其可在大数据、云计算和泛在网络环境下,完成海量数据的实时处理,动态推演作战计划,评估并优选作战方案,为指挥员快速提供决策建议,大幅拓展了人的指挥决策功能;⑧ 智能单兵配套系统,其通过知识工程、数据检索、可穿戴计算、数字终端等技术,采取高沉浸、个性化人—机接口,为单兵提供作战任务、战场环境态势数据和通信保障等服务;⑨ 智能后勤与装备保障系统,其利用嵌入在指控系统、武器平台和后勤保障设施中的智能技术,实时获取后勤与装备保障需求,依据需求适时修改保障方案,实现对保障过程的精确控制。

当前,世界主要大国都高度重视以人工智能作为军事战略竞争,这必将加速军事人工智能技术发展,为智能化武器装备研发储备技术,必将推进战争技术形态的智能发展。美国兰德公司的《美国防部人工智能态势:评估和改进建议》报告中称,为深化人工智能军事应用,国防部应调整人工智能管理架构,使权力和资源与其扩展人工智能的任务保持一致;与工业界和学术界密切合作,推进人工智能军事化应用。2016 年,美军在人工智能领域就实施了 7 项大工程,如图 2-1 所示。美国在加快推进自身人工智能军事化的同时,还试图开发一种能够与盟友实现联合操作的人工智能系统,以服务于联盟作战体系,致力于让盟国军队做好人工智能战争准备。俄罗斯也把发展人工智能作为装备现代化的优先领域。俄联邦政府下属的军工委员会制定了明确的任务:俄军到 2025 年时将有 30% 的机器人军事技术装备。2014 年,俄国防部成立了机器人技术科研实验中心,专门负责领导军用机器人研发生产,建立并发展研究实验、试验以及生产基地,形成机器人技术储备。2021 年,美国乔治敦大学安全与新兴技术研究中心发表全球机器人专利态势报告,分析了 2005 年到 2019 年的 88 个国家(地区)机器人的专利态势,俄罗斯机器人专利仅占全球总量的 2%,但其产出在全球军用机器人专利中占 17%。

在部队建设方面,未来智能化部队有人直接操作的武器装备,特别是主战兵器逐步减少,智能无人作战系统将大量投入作战实践;作战人员的数量和规模大大减少,作战力量运用走向模块化编组、积木式组合和任务式联合,出现有人、无人系统混合编组和无人系统自主编组的新作战编组模式;

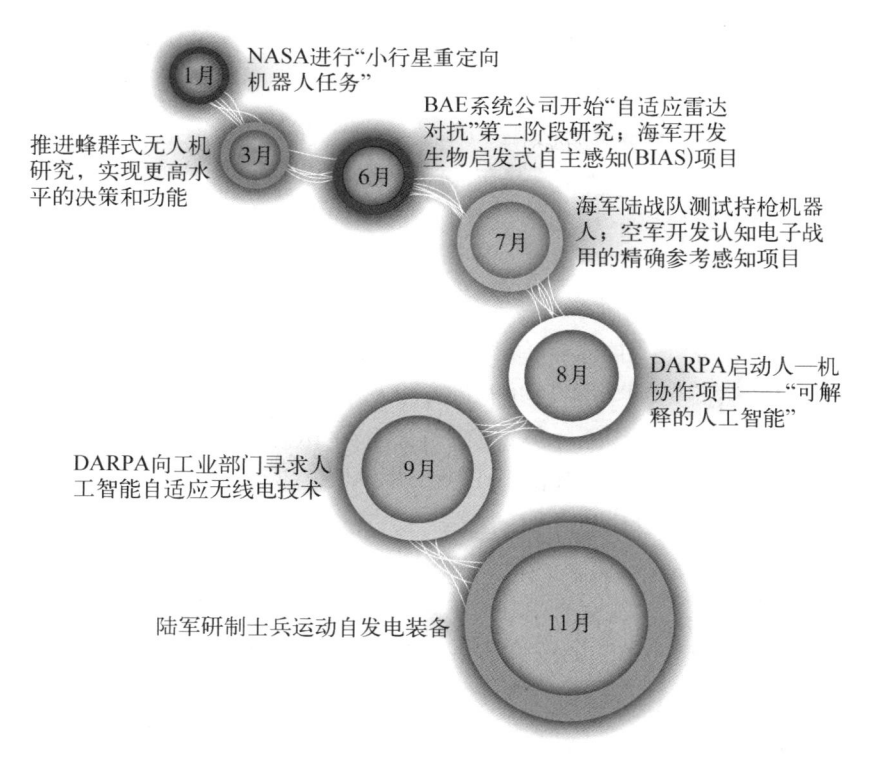

```
1月  NASA进行"小行星重定向机器人任务"
3月  推进蜂群式无人机研究，实现更高水平的决策和功能
6月  BAE系统公司开始"自适应雷达对抗"第二阶段研究；海军开发生物启发式自主感知(BIAS)项目
7月  海军陆战队测试持枪机器人；空军开发认知电子战用的精确参考感知项目
8月  DARPA启动人—机协作项目——"可解释的人工智能"
9月  DARPA向工业部门寻求人工智能自适应无线电技术
11月 陆军研制士兵运动自发电装备
```

图 2-1 2016 年美军主要的人工智能工程

指挥作业采用"人主机辅"方式，人—机混合智能驱动指挥流程，指挥员智慧与机器智能空前结合，借助于机器计算速度、存储容量、联通能力等独特优势，融入指挥员指挥谋略和指挥规则，能大幅提高辅助指挥决策能力。人机混合决策、云脑智能决策、神经网络决策等技术加速军事运用，推动决策方式由"人脑决策"向"人机交互决策"方向发展。当前，美俄军事强国已经加强了未来智能化部队建设探索。美军要求将来应从机器人和自主系统赋能的部队，过渡到以机器人和自主系统为中心的未来部队，并针对不同任务和职能，采取人—机系统合成编队、无人化自主作战集群、自主系统嵌入式赋能等编组；计划到 2035 年初步建成智能化作战体系，到 2050 年，智能化作战体系将发展到高级阶段，届时，作战平台、信息系统、指挥控制将全面实现智能化甚至无人化。俄军认为"机器人化"的战争将成为未来战争的主要标志，机器人化的侦察—打击系统正在成为主要的军事力量，根据"深度机器人化"构想，计划在陆军作战旅编成内组建突击战斗机器人分队，未来还将组建能独立实施战斗的完全机器人化的部队。2020 年，英国国防部宣布，将会在未来 10 年内，装备 12 万个人工智能机器人系统。

在作战理论方面,世界上主要的国家军队提出多种反映未来智能化战争和作战要求的全新作战概念。例如,美军提出了"母舰""蜂群""忠诚僚机"等多种有人无人系统协同作战概念。其中,依托"小精灵""郊狼"等项目的小型无人机"蜂群"战法,旨在通过提高无人机间的实时数据共享、多机组网、协同配合等能力,在此基础上完成区域搜索与攻击、侦察监视、战术压制、心理战等作战任务,提出了多无人机冗余配置阶段、多机协同及通信阶段、智能化无人机集群阶段的发展路径。俄军认为,人工智能将广泛用于完成各种作战任务,军用机器人将大幅度减少战斗损失,部队将列装新一代智能机器,现在合同战斗将成为电子—机器人化战斗。将来,还可能产生一系列以如何创造和利用智能优势为核心的智能化作战理论,强调跨域机动、多域聚能的全域一体化联合作战。

军事智能化引发作战方式的变革,这已经在战争实践中充分体现出来了,特别是人工智能支撑下的无人系统已经在实践中运用了,并产生出巨大的作战效益。在近几次局部战争中,美军无人机、无人地面车辆等运用已经普及,并取得了相当不错的作战效果。即使在和平时期,美军也在世界各地敏感海域部署无人潜航器,收集战场环境信息和情报。2015 年,俄军在叙利亚战场上首次使用地面战斗机器人协助叙利亚政府军进行攻坚作战,以零伤亡的代价一举攻下 200 名"伊斯兰国"武装分子据守的高地。2020 年,以色列军队首次在战场上使用了 AI 人脸识别系统来打击哈马斯,战时以色列使用了数据分析、地图绘制和人脸识别等三套 AI 系统,在人员密集的城市中精准定位,清除了 150 多名哈马斯指挥官和特工人员。在俄乌冲突中,乌克兰军方在西方科技公司帮助下,进行 AI 人脸识别作战。例如,一名士兵在坦克前发表个人感想,其发布的照片及时被大数据分析,最终,在线人脸识别技术对其身份进行了确认。

第三节　大数据托举无人作战新样式

随着智能化、无人化技术快速发展,各种无人作战装备不断涌现,成为颠覆传统制胜机理的新型作战力量,并加快融入联合作战体系,无人作战成为打赢未来战争的新型作战样式。从表面上看,无人作战是各种无人作战系统的角逐和较量,但从深层看,无人作战系统之所以能够自主行动,正是因为嵌入了人工智能和大数据技术,较量的是无人平台的智能化态势感知、自主决策和行动能力,背后支撑的是海量数据资源,包括各种规则以及实时获取的态势数据。美军大数据研究的一个重要目标,就是通过大数据创建自主决策和行动的无人作战系统。当前,美空军的无人机数量已经超过了有人驾驶飞机,已经向以自主无人作战系统为主、对网络依赖度逐渐降低的"数据中心战"迈进。基于大数据的无人化作战,将彻底改变人类有史以来以有生力量为主的战争形态。

一、大数据支撑无人作战系统自主行动

与传统作战系统相比较,无人作战系统的优势是具有一定智能,能根据战场态势的实时变化,围绕统一作战目标自主组织作战行动。战时,为确保分散部署的无人系统聚焦作战目标,分散自主行动,必须依据统一的作战规则以及实时态势共享、标准接口,对其行动进行规范,确保各种无人系统协调、有序行动。无人系统的作战规则,是其系统运行、行动组织必须遵循的法则,是人在研发过程中或战前输入的,实质上是携带人类思想的各种数据。

自主行动依靠统一的规则规范。在未来作战中,陆、海、空、天无人作战系统云集,数量规模庞大,完全依靠后方人员不可能高效组织协同,必须依靠武器平台之间实时共享战场态势数据,根据战场态势发展变化随机自组织协同。这样,为确保无人作战系统互相理解和联动,平台上都预置有统一的作战规则,如打击、机动、防护的统一规则,通信、数据分发共享的统一规则等。随着计算机软件和硬件技术的进一步发展,无人作战系统的专家知识库含有高达几万条乃至几十万条的规则,战时,随着敌情、我情和战场环境变化,特别是敌我攻防行动的发展,不同作战场景都能触发相应作战规则,每秒钟可能触发几千条到上万条规则。无人作战系统根据统一规则,采取相应的侦察、打击和防护等行动,确保相互之间协同、有序行动,发挥整体效能。同时,通过高度精准的时统系统,建立统一的时间基准,为不同空间无人作战系统的作战行动提供统一的基准,支撑无人机作战系统优化自主协同。2017年,美军列装的新一代远程反舰巡航导弹,能在无中继制导信息支撑下,依靠定制规则进行智能导航,自主制定攻击策略,还能与一同发射的其他导弹进行协同配合,各自选择目标,实现智能突防与攻击。

规则发挥作用需要云环境支撑。作战规则是战前对作战行动的预先规范,任何规则都在特定的场景(条件)下发挥作用,什么条件下激发哪一条规则,需要实时的态势数据信息支撑。战时,需要通过统一的标准协议和共享机制,形成用户随遇接入、数据资源按需提取的云环境。在云环境支撑下,作战人员与作战人员、作战人员与武器平台、武器平台与武器平台泛在互联,可以实现对作战行动的精确泛在感知,为战场数据的深度利用奠定基础,同时借助大数据、云计算和深度学习等技术,获得对作战活动及战场背景的深层次认知。战时,分散在不同空间的作战要素、单元和系统,在云环境的大数据支撑下,依据预先作战规则自主行动。

规则发挥作用需要人为干预。无人系统的自主作战行动,并非完全意义上的自主作战行动。人仍然是作战的筹划决策者、组织实施者,在战斗力要素中仍然处于主导地位,作战目的和打击目标选择等都由人进行判断和决策。通常,在无人系统研发阶段,相关规则都已嵌入系统中,规则集中反映人对作战的前瞻设计,囿于人的思维和认知的局限性,规则不可能完全与战场实时态势一致。这样,无人系统在执行任务过程中就需要后方人员的指挥控制,一旦战场态势发生重大变化,或者原有的作战目的已经达成,指挥员必须适时精准地干预部队乃至单个武器平台的侦察、攻击和防护行动,保证整个作战行动始终不脱离指挥员的控制,并按照指挥员的决心和意图实现作战目的。

二、大数据保障无人作战系统共享态势

通过分析无人作战体系运行,可以看出数据信息是无人作战体系效能发挥不可或缺的因素。无人作战系统在实施自主行动中,必须获取和掌握实时的战场态势数据,通常包括敌方核心目标的位置、动态、属性及防御体系,己方状态、作战任务、平台间的协同关系以及战场气象水文等数据信息。

从数据信息的来源看,无人作战系统之间共享的态势数据主要有三个来源:第一是各入网无人作战平台通过自我报告机制,上报的己方位置、识别、平台与系统状态等数据;第二是无人作战平台上报的发现和处理的空中、水面(下)、陆地以及太空等目标数据;第三是无人作战系统外部的侦察预警、通信导航、气象水文等系统,提供的数据信息支援。

实时态势共享是无人作战系统认识战场、跨域协同的保证。战时,无人作战系统主要依靠智能终端实时处理态势数据、分发态势信息,大数据运用贯穿在态势共享全程中,主要体现在两个方面:一是构建实时战场态势,综合运用各种技术,对各个平台获取的作战数据进行自动化处理。这些数据经过数据注册、航迹质量计算、航迹相关/解相关、航迹综合、报告职责管理、航迹管理、航迹识别、补充报告等综合处理后,形成统一、实时、准确的战场态势,精确、完整地显示在无人作战平台终端上,确保执行任务过程中能够及时、高效使用。二是实现无人作战平台之间态势数据实时共享,利用以数据链为核心的数据传输系统,将态势数据及时分发给"共享网络"内的所有武器平台,实现数据信息实时共享,这种共享不仅局限于武器平台终端之间的作战数据信息共享,还要拓展到武器平台终端与后方指挥所之间的共享,从而为形成更大范围的联合共享态势图提供重要的数据信息。通过实时、统一、直观的战场态势,指控平台可以实时掌握打击平台的位置、状态、打击目标、敌情威胁等数据;打击平台可以随时掌握打击目标的位置和威胁等数据;保障平台可以实时掌握打击平台的位置、状态和需求数据。指控平台、打击平台、保障平台就能围绕统一的作战目标,协同配合、整体联动。

三、大数据推动无人作战的孕育发展

大数据技术和手段的运用,不仅使得无人作战系统能够自主行动,而且能够确保无人作战系统之间能够协同行动。这样一来,不同的无人作战系统,就可以围绕统一的作战目的,协同一致地行动,这成为打赢的重要作战方式,并不断凸显出重要的地位作用,无人作战由此成为一种独立的行动样式。

(一)无人作战的本质内涵

无人作战是指以无人作战系统为主,由人和无人作战系统交互实施的作战。无人作战系统可以从空间上分为地面无人作战系统、空中无人作战系统、海上无人作战系统、水下无人作战系统、太空机器人等。战时,无人作战的行动主体可以是单个无人作战系统,也可能是群体无人作战系统。如果是群体智能协同作战,单体在其中担负着不同的作战任务,有侦察的、有监视的、有指挥的、有通信的、有打击的,等等。战时,担负不同作战任务的单体通过信息网络形成一个有机整体,密切配合,协同行动。相对于传统作战,无人作战具有以下特点。

无人系统为主体。从本质上看,无人作战就是以无人作战系统为主角的作战。嵌入人工智能的无人作战系统具有一定的人类认识和思维能力,可以自主完成"侦—控—打—评"行动过程。在战场上,分散部署在陆、海、空、天、网、电等各维空间的无人作战系统,处于敌我对抗前沿,围绕统一的作战企图,实施侦察、攻击和防御行动。作战人员主要在后方实施筹划决策和指挥控制。可以说,无人作战系统的技术水平、数量规模及作战运用,直接决定无人作战的战局走向和最终的胜利。

智能自主行动。作为无人作战的无人系统,可以通过统一的任务规划以及战场实时态势,自主获取目标信息、选择目标,自主组织侦察监视、火力打击、网电攻击、通信中继、导航定位等行动。围绕统一作战目的完成上级赋予的作战任务。在战时,嵌入人工智能技术的无人作战系统可在瞬息万变的战场环境中准确、连续地跟踪目标，自主探测、自主处理战场态势信息，自主识别敌我，自主灵活运用弹药载荷。不同空间的无人作战系统，在泛在网络的联接下成为作战体系的一个节点，不再孤立无援。在大体系支撑下，无人作战系统集侦察、识别、定位、控制、攻击于一身，发现就能"秒杀"。作战过程中，随着战场态势的发展及作战需要，处于不同空间的无人作战系统自主行动，谁合适、谁主导，谁有利、谁发射，分散的火力、信息力、机动力、防护力在最恰当的时间、最恰当的地点精确释放。围绕统一作战目标，形成"态势共享—同步协作—聚焦释能"的战斗力生成链路，自主组织作战行动。

群体协同聚能。战时，大量单体无人系统，在统一指挥控制下，通过实时态势共享、群体协同规则，围绕统一的作战企图和任务，紧密配合、协调行动，在关键节点和时节实现作战效能聚合、精准释放战力，自组织协同作战，形成群体的体系对抗能力。无人作战体系效能的发挥关键在于无人系统之间的协同和联动。今天的无人系统虽然具备一定的智能，但其协同还主要依靠人的指令来组织实施，平台之间还无法实现真正意义上的自组织协同。在未来智能无人作战中，陆、海、空、天智慧兵器云集，数量规模庞大，完全依靠后方人员很难高效组织协同，必须依靠武器平台之间实时共享战场态势信息，根据战场态势发展变化随机自组织协同。同时，为确保智慧兵器互相理解和联动，平台上都预置有统一的作战规则。智慧兵器根据统一规则，采取相应的侦察、打击和防护等行动，避免互扰甚至相互冲突。

大体系实时支撑。在作战过程中，各单体无人系统协同联动，形成一个相对独立的作战体系，但其始终是联合作战体系的有机构成。在战时，无人作战系统不仅需要联合作战体系的侦察情报、指挥控制、信息服务和技术保障等全方位支撑，而且可能需要有人作战力量提供各种支援。此外，通过统一的标准协议、共享机制，形成数据信息快速流转和共享的云环境，实现"云端大脑"，为智慧兵器提供全覆盖的云环境支撑。战时，执行不同作战任务的智慧兵器高度分散部署，还需要依赖高度精确的授时系统提供统一的时间基准。在作战过程中，分散、独立的无人系统主要依靠时统系统组织行动协调和配合，实施分布式作战行动，实现作战效能快速、聚焦释放。

保障重心后移。在战时，一线的侦察、打击行动，主要由无人作战系统组织实施，而且，无人作战系统的动力和能量保障，主要在战前预先储备。指挥员、技术专家和保障人员处于后方对无人作战系统实施远程控制，提供各种技术保障。无人作战系统效能的发挥，一刻也离不开后方的操控和保障，相对于传统作战，无人作战的保障重心向后方转移。后方保障人员对战局发展和走向的影响空前增强。

（二）无人作战体系运行

无人作战体系依靠信息网络跨域融合各种无人作战系统，通过态势数据信息的实时共享，实现体系内各要素的共同认识和理解态势，进而实现自主协同、分布行动，其整体形态可抽象描述为"无人平台+网络+数据"，如图2-2所示。

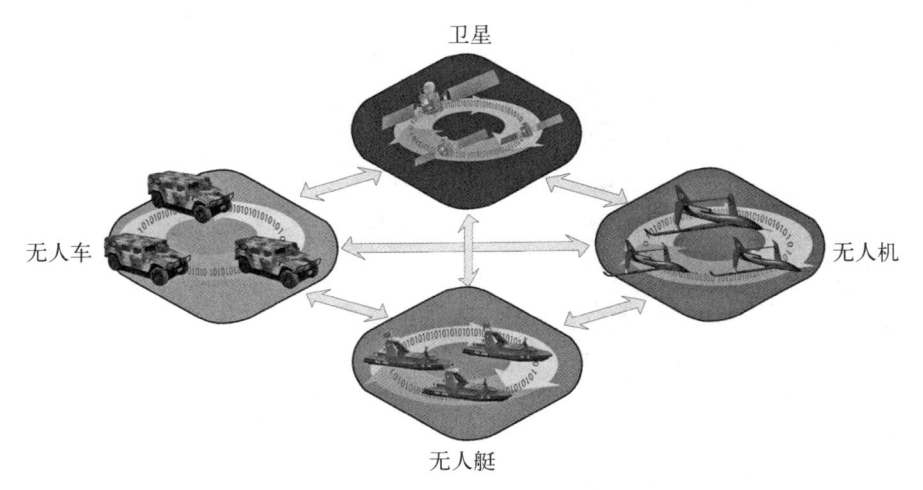

图2-2 无人作战体系运行示意图

无人平台——行动主体。担负不同作战任务的无人平台都是具有一定智能的智慧兵器，其处于任务链路的前端，根据战场态势组织作战行动，通常可区分为自主行动和指令行动。自主行动主要是根据无人平台的侦察系统和信息支持体系，获取目标信息，依托自身的辅助决策系统，对比战前设定的目标数据，选择相应的行动方式。指令行动主要是无人平台根据后方指控人员的指令，对目标进行打击。随着智能相关技术的发展，自主攻击的比例日益增加，发现即摧毁的"秒杀"效应更为突出。

网络——实时赋能。支撑智能无人作战体系的是"内网+外网"，内网是无人作战系统内部各信息节点构成的网络，外网是外部对无人作战系统提供各种信息支援服务的网络。通常，无人作战系统内各单体的协同行动，主要依靠内网实时链接和赋能，但外网是实现联合作战体系支撑的可靠保证。通过内网和外网的共同作用，达成"入网"无人作战系统对战场态势的共享感知、共性认识与共同理解，自主判断，依据战场态势的发展变化自组织协同，并行采取作战行动。

数据——体系血脉。在信息化战争中，可以通过数据的广域共享，使空间上分散、逻辑上松散的各种作战要素、作战单元、作战系统紧密"黏合"在一起,形成思想统一、装备交链、流程衔接的一体化作战体系,作战体系运行依靠数据驱动。无人作战主要实施自主行动,更需要实时保鲜的数据信息,为体系自主、有序运行提供保证。无人作战体系高度一体化、网络化,取决于数据的广域共享和相生共存,将空间上分散部署、逻辑上松散的实体要素"凝聚"在一起,使之成为真正意义上的结构优化、功能互补的有机体系。如果把无人作战体系比作"肌体",大数据就是其中的"血液"。没有"血液"的正常流通,即使作战体系在物理上联成一体,其运作模式仍然是脱离信息系统的"离线"运行和松散协作行动。这说明,离开了大数据的"虚拟黏合",无人作战体系必然无法形成,也谈不上形成和释放体系作战能力了。

(三) 主要无人作战样式

从无人作战平台运用方式看,无人作战样式可分为有人—无人协同作战和无人集群协同作战,前者主要是指无人平台与人(包括有人平台)之间的无人—有人协同,"集群作战"则是大量小型无人平台之间的机—机协同。

1. 有人—无人协同作战

即以无人系统为主,有人系统支援配合,通过无人与有人协同实施的作战行动。随着无人系统的快速发展,有人无人协同是未来作战的大势所趋,有人无人协同的行动方式非常多,这里主要突出以无人系统为主的行动。其主要目的是通过无人/有人系统间高效的信息共享与支援、行动的协调与控制,实现体系资源共享、态势综合评估、任务协同分配、联合指挥与控制,最终形成无人有人的整体作战效能。其运用方式主要是以无人系统为主进行战场态势感知与信息智能处理,有人系统进行战术决策和任务规划,无人有人联合实施行动。当前,最为成熟的是有人机与无人机协同作战,美军"忠诚僚机"概念反映了这一作战的本质特点。2015 年,美国空军研究实验室(AFRL)提出"忠诚僚机"概念,最初的设想是无人机携带武器充当 F-35 的弹药库,以提升其打击能力。实际上,这已经成为反映有人无人协同作战的未来发展的典型概念,其核心思想是由有人机平台充当编队长机,多个无人机作为僚机的作战系统。此类协同中的无人平台、传感器、武器等资源控制权均由有人机控制。在有人机的作战指令下,无人机执行远程态势感知、武器投放、欺骗干扰等作战任务,充当前出的"传感器""射手"等角色,既能大大扩展有人机的作战任务与作战频次,又能有效保护有人机的防区外安全。有人无人协同行动主要包括:一是无人有人协同态势感知。主要是发挥无人系统隐蔽前出的优势,实现对战场态势的实时感知,并把获取的态势信息进行实时共享;有人系统重在对态势的研判,并根据实时战场态势进行决策和任务规划。例如,在有人机无人机协同感知中,通常由无人机负责前置探测目标,通过有源机载雷达传感器对目标实施定位,通过数据链将目标信息传送至后方有人机,有人机负责信息处理、威胁评判和打击决策;有人机通过其有源雷达传感器对目标进行照射,多架无人机前置接收反射波,通过无源定位的方式完成探测,再将目标信息回传至有人机,大幅降低目标起伏特性,拓展了探测距离;利用敌方目标自身的辐射源,前置的无人机可直接实现无源定位,通过数据链对有人机完成信息传递。

二是无人有人协同攻击。有人系统根据战场态势进行任务规划与分配,将任务指令实时传达给相应的无人作战平台;无人作战平台根据作战任务和实时态势,自主组织火力打击、电子攻击、网络入侵等行动。例如,在有人机无人机协同攻击过程中,有人机负责目标探测识别跟踪、信息处理、作战任务分配,指挥无人机执行攻击任务。有人机将测到的目标信息通过协同网络实时传输给无人机集群,启动无人机电子战和武器系统发射指令,压制敌方防空系统,对敌目标进行攻击和干扰;也可由有人机对敌目标发射武器,无人机对其中继制导,拓展武器打击距离;执行打击任务时,小型无人机通过巡弋、打击、撤离、再打击等方式,为有人机提供威胁目标探测、精确目标指示、实时毁伤评估等打击信息保障,增加编队作战的杀伤链配置选项,降低大型有人机探测、对抗威胁目标的必要性与成本,这样,通过无人有人有序协同,密切配合,实现分布式协同攻击作战。

三是无人有人协同防护。在有人系统信息支援下,无人系统实时感知战场态势信息,协同掌握敌情威胁情况,跟踪和识别来袭目标,利用有/无源电磁干扰设备、精准打击武器等,对来袭目标进行软硬一体抗击和反击,保护要害目标的安全。

2. 无人自主作战

(1)无人察打一体作战

无人察打一体作战,是指单个无人平台在指挥控制、综合保障和信息网络的支撑下,集群内各节点实时共享平台的自身信息、外部载荷数据等,从而根据交战实际情况,快速处理和分配载荷任务,自主执行集侦察监视、网电攻击、火力打击于一体的作战行动。无人平台主要是根据作战任务需求,对影响战场态势的重要作战区域或高价值、时间敏感目标,进行实时自主广域侦察、监视,并依靠自身的打击力量对目标进行持续火力压制、精确毁瘫和网电攻击等。其运用方式主要是把侦察、打击、支援等能力融合在同一无人作战平台上,无人平台利用自身的侦察监视系统实时获取态势信息,在自身的目标保障下,实施火力打击和网电攻击,达到"即察即打"和瞬间"秒杀"的作战效果。单平台察打一体行动主要包括:一是无人侦察监视,无人平台利用自身的侦察监视设备,对目标区域实施侦察监视,持续、实时、准确、精细地获取战场态势,并利用自身的信息处理单元对实时态势信息进行快速融合处理,直接为实施火力打击和网电攻击提供实时的信息保障;二是无人网电攻击,主要是无人平台利用自身的网电攻击系统,对敌电子信息目标进行电子干扰、电子欺骗、网络攻击和反辐射攻击等,通常,无人网电攻击主要是干扰和破坏敌侦察监视目标、指挥信息链路等,通过快速网电复合攻击,压制和摧毁敌核心电子信息目标,快速削弱其信息感知、指令传输能力;三是无人火力打击,通常,在进行战场态势的实时监视与侦察、反制敌反侦察的同时,无人平台会利用自身携带的火力针对重要作战区域或目标,选择有利时机进行火力压制、精确打击等,对敌要害目标实施快速节点瘫痪。

(2) 无人集群作战

无人集群作战是指集中运用大量无人平台,通过嵌入平台的通信中继、信息处理、导航定位、监测指控等设备,以及特定的组网协议,形成具有自主决策、协同和行动的集群,实施集群智能协同行动的作战。这种集群作战的最大特征在于体系的区域分布性,单元自主特性以及"去中心化"特性,集群中的单个平台地位平等,没有平台处于中心控制地位,在单一平台受损后仍可有序协同作战,这样一来,集群作战就具有了强大的战场生存能力和任务完成能力,可完成协同探测、协同攻击等作战任务。其主要可区分为无人集群协同探测和无人集群协同攻击,如图 2-3 所示。

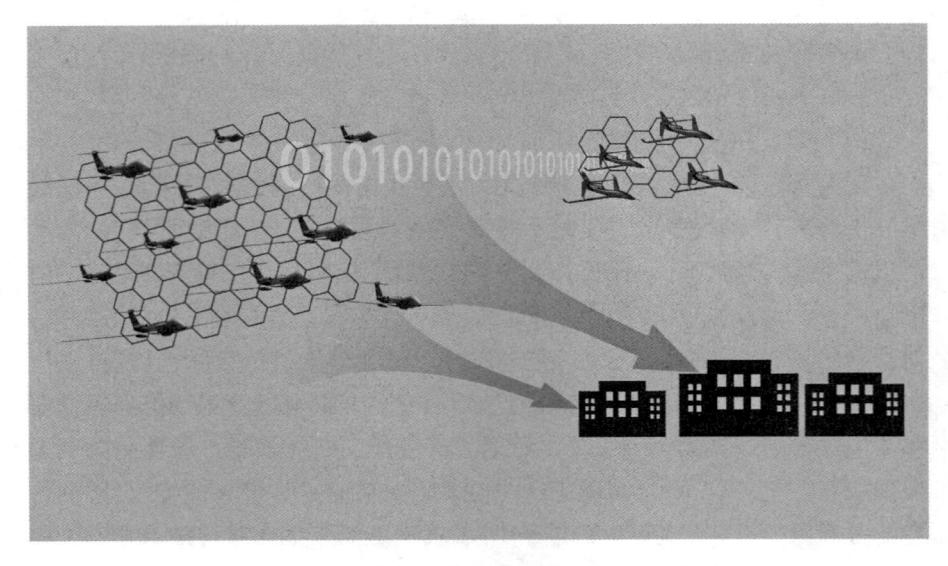

图 2-3　无人集群协同探测、协同攻击示意图

① 无人集群协同探测

在战场上,小型无人平台利用其低截获概率、低检测概率的优势,可在敌防区内抢占有利阵位,实施多点位侦察,甚至抵近目标近距离侦察、监视、跟踪。通常,无人平台的重量尺寸小、供电能力有限,难以装载较重且需大功率发射的有源探测器材,主要装备相对简单、尺寸小、重量轻的无源探测设备实现集群协同探测。在探测过程中,多架无人平台可通过三角定位针对目标辐射源进行探测,也可通过外辐射源方式对目标进行定位。

② 无人集群协同攻击

分散部署的无人平台在实施协同攻击时,主要依靠集群内通信协同网络,基于作战任务、目标属性、平台的位置、任务参数、载荷能力、预期效果,选择分配实时位置、载荷能力最适合的无人平台。在攻击过程中,无人机平台可接近目标实施火力打击甚至"自杀式"攻击;除引导己方导弹实施打击外,还可对目标实施网电"软杀伤"。通常,无人作战集群通过三角定位、时频差等无源精确定位与瞄准技术,综合利用多平台上的侦察资源、统一进行任务的动态分配,为引导目标信号干扰提供信息保障,压制敌方导弹防御系统、切断敌方通信联系,随着技术发展,将来可通过网络入侵等手段,向敌信息网络中注入恶意代码,实现网络攻击。

第四节 大数据触发战争形态新改变

科技创新是推动战争发生变革的"第一动力"。当今时代,学科加速交叉融合,新兴学科不断涌现,前沿领域不断延伸。大数据与人工智能、物联网、云计算等信息技术进一步融合,必将促进新型国防科技的加速发展。大数据蓬勃发展,及其对国防科技发展的推动,特别是数据与智能结合,必然引起战争形态发生"量变",并由不断"量变"达到"质变",给战争带来全方位影响,加速战争形态的嬗变。

一、改变军事战略规划和管理方式

军事战略规划是对军事领域重大问题的总体战略布局,是实现国防和军队建设高效发展的总体筹划。传统的军事战略规划,由于缺乏足量可信的数据信息支撑,只能进行宏观、概略的规划。随着大数据技术发展,利用大数据可以为军事战略规划的制订提供全面的数据信息保障,确保军事战略规划的科学性、精确性和前瞻性。首先,利用大数据挖掘来全面客观地获取情况。通过原始数据源,获取军事领域每个单位、每个环节、每个元素的详细数据,建立不同的需求样本。这样,制订战略规划就可根据需要从"全样本"中随机抽样调查,避免因数据不足出现以偏概全的现象。美军大数据分析预测类研发项目,提出了"网络—社会—经济—环境""冲突—安全—平衡—环境""数据—判断—决策"等预测推理模型和数据驱动模型与技术,对全球和区域的政治经济社会军事环境等数据、社交网络数据和开源大数据进行分析,能够有效预测评估国家安全态势、军事战略态势和地区安全与冲突态势,有预测性结论支撑。其次,利用军事大数据分析来增强战略规划的预测性。战略规划应基于对未来形势的分析预测。在海量数据中,可以利用数学模型和精准算法,运用巨型计算机自动分析,让数据说话和验证,发现新的现象和规律,对各种未来情况进行科学预测。例如,在银行、电信等领域,通过对大数据整合形成的特有数据仓库系统,并在此基础上研究开发定制的数据挖掘系统,实现对相关大数据的深度分析,获取行业发展预测信息,指导行业规划和未来发展。在战略规划中发挥大数据分析优势,能极大地提高战略规划内容的科学预测性。最后,利用大数据技术合理地进行资源分配。从某种意义上说,战略规划的核心就是分配和调控战略资源,通过对海量数据的采集、筛选、分析、处理和配置,切实根据未来战争和军队建设发展的总体需求,对各种资源进行更为合理的规划,最大限度地确保人力、物力和财力资源的优化分配和调控。例如,美国国防部基于大数据技术,综合运用关联分析、深度学习等大数据技术,对预测报告、方案指南、工作计划、主要项目、经费预算、进度管理等信息,进行深度比较、关联、分类、评级,找出可能存在的矛盾问题,进一步针对资源分配控制,提出相关决策建议。

　　大数据技术发展和运用催生了数据化军事管理。军事管理水平是军队现代化程度的重要体现,运用最新的技术与理念推进军队管理创新是建设一流军队的重要内容。随着战争形态的加快转型,必须实现管理的标准化、数字化、可视化、实时化,用科技手段推动军事管理工作由粗放走向精确、由模糊走向清晰。在军事管理思路上,也需要随着战争形态的发展和需要,摒弃传统的粗放式管理模式,将提高管理精确性作为军事管理创新的基本目标,将军事管理手段的信息化作为计划、组织、协调、控制的"第一要素",将网络技术、数理方法和微电子成果引入军事管理系统,推动军事管理机制的"动态"发展和高度精确。大数据技术在军事管理领域的渗透和运用,不仅提供了先进的军事管理手段,而且催生了新的军事管理理念。军事管理过程是一个复杂系统,但从本质上看,自始至终贯穿着两股"巨流":一是人力、物力、财力形成的"物流",二是数据、指标、报表等形成的"信息流"。作为军事管理活动的主体,"物流"的畅通与否决定着军事管理质量的高低,而"信息流"的畅通则是"物流"畅通的前提条件,高效管理要围绕信息收集、处理、传递和反馈开展工作。利用军事大数据实施管理可弥补传统军事管理的短板不足,从军事管理体制看,基于大数据的军事管理,可以利用统一的数据平台,减少军事管理层级,精编交叉部门,简约重复职能,实现高效率的军事管理;从军事管理方法上看,数据化军事管理方式能使原本无法量化的信息数据化,以全面实现军事管理方法创新,提高军事管理效率。例如,美军运用可视化、人机交互等大数据技术,研发了智能化训练管理、人员管理、基地管理、保障管理及演训系统,能够近实时采集、处理、分析不同层级、不同军种部队的基础大数据,自动生成管理状态评价结果。

二、催生全新的作战手段

军事大数据技术的产生和运用必然会改变作战中的数据分析、处理和运用等方式,在实践中必然会带来战术技术手段的革新,催生各种新的作战手段,成为信息化战争中战斗力增长的新动力。突出体现在以下方面。

首先,催生新一代态势感知、处理和利用设备。大数据技术运用为战场态势信息的获取、处理和利用提供了新的技术手段。战时,面对复杂的战场态势,利用大数据挖掘和智能化处理技术,对各种渠道得来的海量信息,进行实时高效处理,找出其中的内在关联,捕捉高价值目标情报,实现战争内在规律的可视化外在呈现。例如,美军运用海量的大数据及相关技术,对相关信息融合处理,准确找到了本·拉登藏身的位置。还有美国正在研究层次化的智能网络防御体系"数字蚂蚁",在该体系中,每个"蚂蚁"都是一个移动智能体,每类"蚂蚁"负责从网络上收集特定的网络威胁信息,并上报高一层级的"蚂蚁"进行综合性智能分析。

其次,催生智能化武器装备。从上述分析可以看出,智能化是以海量数据为基础的,可以说智能化是大数据与人工智能融合的涌现。大数据技术的运用能为无人系统实现真正意义上的自主化提供可能的源泉;大数据信息资源是武器平台智能模块的"血脉",是其进行判断情况、自主行动的重要依据。因此,新一代智能化武器装备的研发和运用,离不开大数据的发展和实践运用。此外,大数据还能给"物联网"化的武器装备注入活力,特别是通过大数据技术,可动态优化接入端口与传输容量,使武器装备在实际运用中实现高度智能化。在大数据的支撑下,可供学习的数据和知识越来越丰富,未来智能化武器装备将具有强大的认知计算特点。随着计算机硬件性能的提升,以及以云计算为代表的高性能技术的快速发展,深度学习、小样本学习、知识图谱、大数据挖掘、区块链、博弈推理等技术不断涌现,为更好地挖掘大数据中的认知价值提供了技术支撑,从而可提升未来智能化武器装备的识别、分类或预测的准确性,拥有更准确、更深层次的知识和更强大的认知能力。

最后,催生人—机交互指挥控制系统。大数据与智能算法、云计算等技术综合运用,并与神经网络计算机、光计算机、生物计算机等新概念计算机结合,可催生人—机交互式指挥控制系统。在语音识别和文字、图形识别等智能技术的支持下,人—机交互指挥控制系统的人—机接口高度智能化,指挥艺术和军事谋略深度融入人—机交互系统、专家知识库系统和武器智能制导系统中,可以突破人类分析能力的局限性,辅助指挥员迅速、准确地定下决心,并逐步促使指挥控制模式的转变。此外,人—机交互指挥控制系统运用不同数据类型和数据运用要求所需的标准化分析算法建立起的智能分析系统,能够对战场问题进行准确完整的描述,并产生清晰的作战指令和策略机制,有效提升数据处理和挖掘效率,从而缩短观察、判断、决策、行动环(OODA)反应时间,从而获得对敌决策优势。

三、驱动军事行动精确化

古往今来,优秀指挥员都希望通过精确决策定下决心,精细运用作战力量,精确协调控制部队行动,精确释放打击能量,直击敌作战体系"死穴",高效瘫痪敌作战体系,快速达成作战目的。囿于技术条件限制,传统战争形态中作战行动呈现粗放式,很难实现精确作战。随着大数据、云计算等信息技术的快速发展,为精确决策、精确指挥、精确打击等提供了可靠的技术支撑,制胜方法由传统的粗放作战向聚焦敌体系要害实施精确作战的重大转变。

大数据技术的运用打通了从精确感知、精确决策、精确打击到精确评估的链路,经验和直觉对指挥决策的影响下降。在信息化战争中,敌我对抗是一种全域的巨体系对抗,指挥决策需要快速掌握各种情况,加之,作战节奏空前加快,指挥员需要在极其有限的时间内准确掌握战局发展,从精确指挥决策到精确指挥控制的链路,表面上看靠网络物理连接,实质上靠数据传输耦合,靠数据运用支撑整个链路的畅通,其中每个环节都离不开大数据的支撑。随着大数据和人工智能的融合,未来指挥活动全程依靠"人—机"交互。在作战过程中,专家系统在智能化和可视化技术的支持下,凭借各种新的数据技术,及时、准确分析判断态势,辅助指挥员进行决策,实时展现态势数据信息,实现对部队行动的精确指挥控制。

在未来作战中,在作战指挥环节上,面对多维战场、海量动态信息,指挥员必须高效运用大数据技术和人机交互专家系统,充分发挥其在综合态势、搜索资源、匹配能力、规划任务、生成计划等辅助决策功能,实现精确获取情报、精确处理情报、精确研判战场情况、精确选择作战目标,通过集智制订方案,精细评估方案,精确筹划决策,精确调控兵力、火力和信息力。在打击环节上,没有侦察预警数据就找不到目标、辨不清敌我,没有通用共享的基础数据就下不了指令、搞不了协同,没有精准的目标数据就打不准、毁不了目标。有了足量保鲜的数据,就可以实现按需选择、按需释放、按需控制,在即时优势窗口内,无耗散或微耗散地聚焦释放打击能量,实现"点穴"式打击。总体上,通过大数据技术和资源的联通和整合,可以最大限度发挥各域作战力量互补优势,达成跨域作战聚优扬长、快速击短制胜的作战目的。

四、创新作战方式和制胜路径

恩格斯指出:"一旦技术上的进步可以用于军事目的并且已经用于军事目的,它们便立刻几乎强制地,而且往往是违反指挥官的意志而引起作战方式上的改变甚至是变革。"[①]大数据技术在军事领域的运用,首先是影响作战方式。大数据与人工智能、物联网等技术的融合发展,推动着军事信息化向军事智能化快速跃进。在未来战争中,大数据技术的广泛运用,可以通过数据的融合实现作战要素、单元和系统的融合,大数据深度融入作战体系成为作战体系运行和效能发挥的基本支撑,云环境是作战体系的"经络",依托其强大的联通性和渗透性,形成高度集成、体系融合的智能化作战体系;人工智能成为武器装备的核心要素,自组织、自适应、自协同成为作战力量的显著特征,智能感知、智能控制、智能决策成为新质指挥能力;多维战场空间的传感器无处不在,信息空间与物理空间深度融合,"算法+数据""战法+数据"成为战斗力生成的新"引擎",基于数据的体系作战能力成为战斗力的基本形态。这样一来,基于大数据的信息、知识、智慧成为战争博弈和作战制胜的核心资源。

在作战过程中,大数据在侦察预警、指挥决策、火力打击、综合防御等行动中的运用,必定全方位地改变传统侦—控—打—评的组织实施方式。在侦察预警上,利用大数据分析挖掘技术,可以对海量数据信息进行智能化分析、处理,实时融合,形成标准化态势图,并采取作战云模式对态势信息进行统一管理,按需求、按权限分发共享,真正建立起"数据仓库",为指挥决策和

---

① 《马克思恩格斯选集》第3卷,北方工业出版社2012年版,第551页。

部队行动提供实时信息支撑。在作战指挥上,基于复杂的大数据进行作战筹划,可完全改变小数据时代的经验决策模式,以足量样本数据分析决策模式取而代之,从而更加科学地分配兵力兵器,优选打击目标,形成最佳行动方案;综合运用大数据、云计算、人工智能等关键技术,实现指挥员与智能辅助决策系统的深度交互,快速、准确地判断和预测战局发展,快速准确地筹划决策;大数据的运用大幅压缩指挥层级,通过基于大数据的精准指挥,空前提高了指挥效率。在作战力量运用上,依托作战大数据来分析处理和运用,建立科学的数据模型、设计合理的预测算法,可及时准确地研判敌方作战企图、作战部署和兵力配置,从而实时动态调整己方作战计划、组织作战行动,彻底改变传统兵力配属和作战运用理念与方式,形成基于大数据的作战力量运用新模式。此外,从未来作战"观察—判断—决策—行动"的步骤来看,通过对作战大数据的有效处理,可大大缩短作战(行动)时间,为"快吃慢"提供新的技术支撑手段。可见,在作战全程中,数据在作战体系内按序流转、高效运行,数据流精确控制能量、物质的流向和效能发挥,数据优势的夺取与保持,成为最重要的制胜因素,拥有了大数据优势,就能自由地获取、传输、处理和利用数据信息,从而拥有决策和行动的主动权。近年来,美军在新作战构想和作战概念中充分体现了对作战数据的运用,如"马赛克战"概念,突出将人工智能引入指挥、控制、通信、计算机、杀伤、情报、监视、侦察(C^4KISR)一体化的杀伤链,以人工智能技术为核心、以数据为基础、以智能化武器装备平台为支撑,从而引发从侦察、决策再到交战的系统性变化,这深刻反映了数据在杀伤链上的作用。

大数据的极端重要性决定了敌对双方都将从数据领域找到制胜之策,大数据成为敌对双方争夺的焦点。随着机器学习、人机交互、神经网络等人工智能技术的军事化运用,未来作战行动将在实体空间、技术空间和认知空间上同步展开。认知系统对作战的影响空前增强,认知域将成为重要的作战域。敌对双方将围绕认知的控制与反控制展开激烈争夺,认知控制战将成为一种重要的新型作战样式。控制认知权将成为作战主动权争夺的新高地,成为战场综合控制权的枢纽。目前,美军已将认知域作为其多域作战中的重要维度突出出来,强调竞争阶段影响敌方认知走向,布局发展脑控、控脑、强脑等认知技术。

五、革新军事训练方式

军事训练是基于预设的战场环境,检验装备技术战术性能和研究仗怎么打,需要大量的数据信息为战场环境构设创造模拟的背景条件。通过大数据技术进行定性和定量、宏观和微观分析，不仅能为自然环境的设置提供各种参数支撑，而且能基于海量数据建立近似实际的模型，构建高度智能的人—机结合系统，确保构设的训练环境更接近实际战场环境；基于大数据分析，研判对手可能的作战意图、作战力量、作战能力、可能的作战行动、战场态势变化等；基于预定的敌情、战场环境以及己方情况，设计可能的变化条件，根据变化的情况，调整训练方案，设计相应的训练内容。从而浮现逼真的作战场景，更高效地分析作战过程、推演部队行动，真正实现像作战一样训练。

作战大数据的全样本特性，可使施训者对整个动态军事训练过程看得更清楚，可不断驱散传统训练中的"灰色信息"迷雾，揭示出难以发现的很多细节问题，从而尽可能地减少"模糊直觉"判断。运用海量的敌情数据、我情数据和战场环境数据，可以模拟近似实战的训练环境，检验装备战术、技术性能，演练作战筹划、指挥、协同和保障，为作战实验、编制装备检验、战法运用、训练改革等提供特殊验证方法途径。此外，运用大数据挖掘和云计算技术，通过基于互联网络的相关服务增加、使用和交付模式，提供动态易扩展的虚拟化资源，对作战大数据进行相关性分析，可充分描述军事训练的走势方向，揭示内在的逻辑关系和变化规律，进而使训练评判者能准确把握军事训练的发展演变趋势，及时做好训练效果预判和直接、间接的动态调整，获得更好的军事训练效果。

第三章 大数据支撑的战争制胜新机理

战争制胜机理反映战场内和战场外各种因素对战争制胜的综合影响，是决定战争胜败的规律。战争形态、战争手段、战争时空条件等方面的变化，都可能导致战争制胜途径和规律发生变化，催生新的战争制胜机理。在战争史上，一种重大的技术突破通常能对战争制胜机理的改变产生深刻影响。20世纪60年代以来，随着信息技术的快速发展和广泛运用，信息决定着物质、能量的效能发挥，是作战体系融合和运行的基础要素，影响着指挥控制、打击精度，是战争制胜的主导因素。数据是信息的重要载体，从根本上说，信息对战争的制胜作用离不开数据效用的发挥。特别是随着大数据演进发展，其对战争胜负的影响作用日益攀升，在信息化战争形成和发展阶段，有些战争制胜机理须臾离不开大数据的运用支撑。

第一节 信息优势制胜

信息优势制胜，即信息上升为重要的制胜因素，发挥信息优势可以形成决策和行动优势，从而取得战争的胜利。制胜的内在原理，在于一方的信息获取、传输、处理和利用的整体水平高，拥有比敌方更多、更准、更保鲜的信息资源，这样就能形成对敌信息优势，并实现信息优势向决策和行动优势的转化，进而夺取作战主动权。这主要体现在以下方面。

一、打破了传统兵力规模制胜之道

在冷兵器战争、热兵器战争和机械化战争中，信息在作战中的效用相对有限，作战效能通过粗放的方式释放，兵力规模和武器装备数量大，总体作战效能强，兵力规模以及相应的火力、机动力与防护力是衡量战斗力强弱的主要指标。作战制胜取决于人力、物力效能的发挥和利用。这样，在传统战争形态中,兵力规模优势是取胜的首要条件,在其他条件相近的情况下,兵力规模大的取得胜利的几率大,以小吃大几乎是不可能的。在战场上,形成作战优势通常采取集中兵力规模的方法,作战筹划和力量运用主要是利用兵力规模优势来歼灭对方的有生力量,使敌方变得更为弱小,直至最终溃败。克劳塞维茨认为"战略上最重要而又最简单的准则是集中兵力"。其中的集中兵力实际上就是创造规模优势。在长期战争实践中,我们也深刻认识到集中兵力对制胜的重要作用,总结提出了"集中优势兵力,各个击破"的军事原则。在信息化战争中,信息在作战体系中实时流转,驱动物质要素的深度融合,促使作战人员、武器平台、信息网络、信息融合共生,形成装备铰链、流程交融、认识统一的信息化作战体系,实现整个体系有序运行,按需实时聚合效能,适时、定点精准释放效能,激发信息对战斗力要素的"催化""裂变"作用,迸发出巨大的体系对抗效能。打赢的关键在于掌控体系对抗的优势,在这种战斗力生成链路中,网络的结构、运行和效能发挥,上升为关键制胜因素,"破体系""瘫网络"成为决定战局走势的关键,为"以小博大"提供了更大的空间。

二、信息是形成作战优势的核心要素

在信息化战争中,各种作战要素通过信息铰链,共同感知和认识战场态势,自主协同配合,体系对抗的特征日益凸显。信息虽不具备能量,但直接影响着物质和能量的流向和效能发挥。一方面,信息一旦与指挥控制系统、火力打击系统、全维防护系统、综合保障系统、战场支撑系统等结合,便会发生强大的体系聚合作用,迸发出基于信息系统的体系作战能力。在战场上,信息获取、处理技术占优的一方,拥有比敌更多、更准的信息,就能做到"知己知彼",先敌行动,在"观察—判断—决策—行动"(OODA)周期中领先敌方,牢牢掌握主动。另一方面,网络一体化程度高,信息传输快,就能将信息优势转化为精确发现、精确控制和精确打击。此外,信息化武器平台集侦察、识别、定位、控制、攻击于一身,侦察到打击的流程压缩到极致,发现就能"秒杀",实现"百步穿杨"的精确作战。可以说,在信息化战争中,没有信息优势和体系优势,再多的兵力、再先进的作战平台,都难以发挥作战效能。而一旦拥有信息和体系优势,就能通过集中火力、信息力、保障力等,聚合多种作战效能,实现"以明打暗""以精打粗""以少打多",形成以强击弱的胜势局面。战争制胜也从"打人数""打钢铁",骤然变为"打信息""打数据"。

三、信息攻击是破敌体系的重要制胜途径

辩证法告诉我们,强点往往也有弱的一面,关键是如何运用。信息既能整合各种作战要素,成为作战效能的"倍增器",也可能成为作战行动的"干扰器"。在战场上,海量的信息可能造成指挥员"信息疲劳",给作战决策带来困惑,对作战行动产生干扰。信息网络的复杂性可能给人—机结合带来一定难度,造成物质要素与信息要素的"两张皮",不能形成巨大的体系作战能力。同时,信息网络存在的固有弱点,可能成为易受攻击的打击目标,敌方容易通过瘫痪信息节点,降低己方整体作战效能。在信息化战场上,可综合运用电子干扰、网络入侵等多种信息攻击,扰乱敌方信息获取和处理,使其作战人员不能获取准确信息;运用网络攻击手段,使敌信息网络局部失能,无法发挥联通效能,可使其作战体系无法有效运行。这样一来,通过信息攻击,不仅能有效降低敌作战体系信息能力,直接影响到信息优势和网络空间行动主动权的获取,而且是破敌体系的重要途径,直接关系到战场综合控制权的争夺,最终影响着战争的胜负。

第二节 体系效能制胜

体系效能制胜即作战体系的结构、运行和效能发挥上升为重要制胜因素,作战体系优化、体系对抗能力强的一方将取得战争的胜利。制胜的内在原理在于一方的作战体系结构优化、有序运行,能够按需实时聚合效能,达成作战效能的倍增,形成对敌更强的整体作战效能,从而形成并掌控体系对抗的优势。这主要体现在以下方面。

一、打破了单一领域优势决定战场主动权的局面

在冷兵器、热兵器、机械化战争中,由于信息技术不够先进,数据获取、传递、处理和应用能力有限,无法实现战场数据实时、大范围共享,各种作战要素之间缺乏一种具有较强黏合作用的"纽带"。通常,作战行动主要通过战前的作战计划进行协同,各维作战空间、各军兵种乃至各种作战要素相对独立,不能有效地协调一致行动,缺乏整体联动性。在这种作战环境中,往往凭借某单一武器的技术性能大大提高和单一领域的优势,就能获取作战主动。如第二次世界大战初期,德国部队凭借强大的坦克力量一举摧毁了欧洲多国的防御体系。在信息化战争中,地面作战、海上作战、空中作战、太空作战乃至网电作战相互交织,各军兵种既相互关联,又相互影响,其中任何单一军兵种都难以决定战争的胜负,战争胜负取决于敌对双方整体作战力量的强弱以及整体作战效能的实际发挥。虽然单一作战优势特别是先进

技术手段,仍将对作战主动权的获取起到十分重要的作用,但如果整个作战体系不能联为一体,其单一作战效能必然受到严重制约。另一方面,如果作战体系结构合理、功能完善,其单一领域的不足可以通过其他强点来弥补,而且可以形成多样化的、有效的作战能力。科索沃战争中,南联盟米格－29战机的单机作战能力毫不逊色于美军的Ｆ－16战机,但在对抗中米格－29始终处于被动挨打的困境,其真正原因就在于Ｆ－16战机处于一体化作战体系之中,随时可以得到多种支援,特别是实时数据支援。

二、体系整体效能决定战场主动权的得失

在信息化战争中,整个战场由一张张大小不一的信息网络覆盖,作战数据的获取、传输及处理通过网络的连接实现一体化、实时化,信息网络融数据传递、存储、管理、利用于一体,形成了数据资源生产和利用的正反馈环,实现了数据资源在产生、传递和利用过程中的倍增效应。利用信息网络可实现数据在整个战场空间大量、直接、实时、自由流通,确保数据在各种作战要素之间快速、及时、准确地传输,从而把遍布于战场各个角落的作战单元,联成一个协调运行的有机整体,极大地提高整个战场范围内各作战要素之间数据流通的时效性,使作战行动更趋向整体性和系统性。作战是在多维空间进行的整体较量,不再是敌对双方单一或少数军兵种之间的对抗,更不是单一武器系统的对抗,而是体系与体系的对抗。作战体系的地位空前上升,任何先进的武器平台如果没有数据和数据技术的支撑,不融入信息网络,则只能单打独斗,不可能发挥应有的作战效能,即战争从以"平台"为中心转向以"网络"为中心。战时,通过无处不在、广域链接的网络,将分布配置的作战单元、系统集成为大体系,体系既是作战效能集聚的加速器,又是作战效能释放的倍增器。体系力量结构优化,各级技术手段功能完备,适应作战需求,快速构建相应的作战体系,必然对敌形成强大的整体作战优势。

三、破击体系成为夺取体系对抗主动的基本途径

信息化联合作战体系是一个时刻变化的自组织系统,体系对抗的整体效能不仅要求各种要素个体的功能发挥,还需要各种要素协调联动,形成一种聚合力。作战效能的发挥过程实际上是战场上各种作战要素协调行动的过程,如果诸要素和谐、有序,则整个体系功能处于优化状态;相反,如果诸要素紊乱、无序,则作战要素之间的优势功能部分内耗、抵消,整个作战体系的效能就无法正常发挥。这样一来,作战体系中任何环节出现问题,不仅会直接影响作战体系整体作战效能的发挥,而且会造成"短板"效应。一旦找

准对方作战体系的核心节点及其漏洞,聚力从节点突破,瘫痪核心节点的功能,快速解构敌作战体系,迅速降低其作战能力,必将成为作战双方对抗的焦点。破击体系应把握以下问题。

首先,聚焦要害破击。在信息化战争中,从破坏敌整体结构、削弱敌整体战斗力出发,集中优势力量,对敌作战系统的重要关节点实施重点打击,能取得以小的代价获取大的胜利的效果。尤其是武器装备还相对处于劣势的一方,更应将有限的力量、资源用于对关键目标与起凝聚作用的要害目标,实施重点打击,以期收到牵一发而动全身、击一点而瘫一片的效果。因此,在实施结构瘫痪作战行动时,应集中火力、电子力量和精兵,对被打击的目标形成局部力量上的优势,针对不同打击目标的特点,灵活编组打击力量,聚集战斗力量的数量和质量优势,对敌实施有重点的打击,不打则罢,打则必毁。在伊拉克战争中,美军集中了空中与海上火力对萨达姆及其政府的权力象征物进行重点打击,并迅速攻占伊总统府,从而瓦解了伊军的抵抗意志,这对夺取最后的胜利起到了决定性的作用。

其次,多种手段综合破击。在信息化战场上,作战系统中目标越重要,其防护力往往越强,实施破坏就越困难。因此,打击敌要害关节点时,要强调综合一体运用各种手段,把火力突击与兵力攻击、硬摧毁与软杀伤等结合起来,使综合火力杀伤与机动战、电子战、数据战一体化,使多维空间的战术手段在同一时间对敌要害目标实施点穴式打击。另外,当敌要害关节点防护较强而无法实施攻击时,应综合运用谋略,如电子欺骗、网络欺骗、战术欺骗等手段,使敌暴露其关节点及其弱点与薄弱部位,而后对其实施瘫痪式的打击。

最后,多维空间跨域破击。在信息化战争中,作战行动将在陆、海、空、天、网、电等多个空间同时展开,作战体系中关节点众多,而且,敌关节点和要害在不同战场环境中有不同的表现形式。因此,选择敌关节点和要害要从战场实际出发,进行系统分析,并且要注意识破敌伪装和欺骗,精确选择敌最为致命的关节点,协调多维空间的火力、兵力与数据对抗力,对其实施瘫痪式打击与攻击,使其整体作战效能急剧下降,最终夺取作战的胜利。同时,对敌实施打击时,还要注意己方系统结构的稳定,多维协同,隐蔽作战企图,防敌对己方系统结构的破坏。为实现多维协同的目的,在伊拉克战争中,美军先后出动了空军、海军、地面部队以及特种部队多个军兵种协同作战。空军与海军实施点穴打击与提供火力支援,特种部队负责侦察搜集情报,并引导打击目标,重点打击伊政府首脑机构、通信指挥设施等目标。

第三节 作战精度制胜

作战精度制胜,即"侦、控、打、评"的精度成为战争制胜的重要因素,作战精度高的一方将取得战争的胜利。制胜的内在原理在于精确掌握战场态势一方,通过精确决策,精确运用作战力量,精确协调控制部队行动,按需精确释放打击能量,并对作战效果进行精确评估,支撑后续打击行动,从而以最精确的行动打击敌最关键的节点,快速肢解敌作战体系,瘫痪敌整体作战能力。这主要体现在以下方面。

一、打破了传统粗放式能量释放的制胜方式

在传统战争中,由于技术条件的限制,侦察预警、指挥决策、火力打击和作战评估只能做到概略程度,总体上是一种粗放式的作战,追求能量释放的极大化。例如,在火力打击中,由于数据准确度、定位精度、导航精度、指挥精度等无法支持精确打击、节点瘫痪,只能通过增强武器平台和弹药的物理机械性能来提升打击效果,依靠多波次的粗放打击达成作战目的。信息化战争目的有限,对精确作战提出了更高的要求,同时,信息网络、精确打击技术手段、信息攻防技术及其他新概念、新机理武器装备为精确作战提供了可靠的技术保证。战时,可利用精准的数据、精准的时间、恰当的手段和精准的打击行动,确保作战能量无耗散或微耗散地释放于选定的目标。这样,以按需选择、按需释放、按需控制的能量释放,打击精确选择的目标,并达成相应的、有限的作战目的。俄罗斯军事学者斯里普琴科指出:"多次战争的经验表明,无论怎样进一步提高传统的火炮、航空火器的密度,增加弹药消耗量,都不会达到高精度武器那样的火力毁伤效果。那种粗放的、广而不精的战法早已失去了作用。高精度武器所导致的不仅是武器的根本性改变,而且是进行全面战争战略的根本性改变。"

二、聚力节点瘫痪成为重要制胜途径

一方面,在信息化战争中,作战行动追求数据能释放的最大化和最优化,力求在最恰当的时间、使用最恰当的力量、打击最需要打击的目标,实现多样化打击手段、多维打击行动的协调和集中,将打击效能聚焦于对方作战体系的节点,通过"电击式"打击,瞬间释放能量,使敌无法承受。另一方面,在精确作战中,速度、强度和精度一起,成为作战指导的重心和衡量作战效

果的标准,要求指挥机构快速指挥决策,作战体系快速反应,部队和武器平台快速机动,在关键地域快速组织攻击行动,先于和快于对方采取行动,瞬间瘫痪敌方要害目标,夺控要地要域,或打破敌作战体系的本来结构,在敌方有效反应之前迅速降低其体系对抗效能。战时,节点瘫痪行动主要包括火力节点瘫痪和信息节点瘫痪。

火力节点瘫痪主要是利用精确制导武器,以及部分通过信息技术和系统改造、整合的装备及弹药,从陆、海、空等多维作战空间,对作战体系的关节进行精确摧毁。在打击时,应根据敌作战体系节点分布及运行,选择打击目标和使用的打击手段,同时要及时、准确地获取目标毁伤数据,对打击效果进行精确评估,必要时,根据作战需要对其中部分目标进行再次打击,力求在尽可能短的时间内使预定节点目标一举瘫痪。在海湾战争中,以美国为首的多国部队,发布的第一号作战命令中,就把"打击伊拉克的控制系统"确定为军事打击的第一号目标,主要使用 F–117 隐形战斗轰炸机和"战斧"巡航导弹对其攻击,使之基本瘫痪。

信息节点瘫痪主要是利用电子战、网络战等技术手段,对敌作战体系的信息节点目标进行软攻击。可运用电子干扰技术手段,对目标信息网络的无线链路进行干扰、压制,扰乱其无线通信链路,使其中的数据信息无法准确、快速地传输。由于电子干扰的主要目的在于阻断、迟滞数据在信息网络中快速、准确传输,通常要对目标网络进行阻塞式干扰,使处于某一频段的电磁信号不能顺利传递。在战时,可利用高功率微波武器杀伤破坏目标信息网络设施。高功率微波的电效应可在各种网络设备的金属表面或金属导线上感应出电流,并通过天线、电源线、传输线以及网络设备上细小缝隙等,进入目标的内部电路,导致其中的电子设备无法正常工作。还可利用高功率微波的热效应烧毁电路器件和半导体。此外,还可集中运用网络战力量和技术手段,对敌战场网络、战争潜力网络等信息网络节点进行精准攻击,瞬间瘫痪其基本功能。

第四章 大数据的战争制胜作用

战争制胜既有适用于各种战争形态的一般制胜规律,也有适用于特定战争形态的特殊规律。随着战争形态由信息化向智能化发展,作战将以全维智能感知为基础,以先进技术为纽带,以海量数据的高效处理与认知为核心。大数据技术运用深刻改变着作战信息的获取、传递、处理和利用的方式,进而影响作战指令的生成和传递,以及战场态势的生成和共享。大数据以信号、知识、指令等形式融于物理域、认知域和社会域,为作战体系的运行和效能发挥提供了新的驱动,直接影响体系效能的生成,以及观察、判断、决策和行动(OODA)流程中各种因素的作用。由于大数据的作用,作战人员与武器平台的智能终端可以实时交互,人的思想意识能以数据化的行为、反应,实时作用于武器平台乃至作战体系的运行,改变了传统人与武器系统的结合方式。大数据多维度改变了传统战争制胜的方法和途径。

第一节 大数据+泛在网:智能化作战体系的经络

在未来智能化战场上,泛在网络把作战人员和武器系统融入"一张网",将空间上分散部署、联系上松散的实体要素"凝聚"在一起,使之成为真正意义上的结构优化、功能互补的有机体系。作战体系的整体性取决于泛在网络和大数据的相生共存、密切协作,各种数据在云端交汇,大量计算通过云服务器完成,作战体系呈现为"网络+数据+要素"的形态,实现网络聚能、信息赋能。

一、网络实现作战体系物理联结

体系作战能力中各种要素、单元和系统都具备特定的功能,这些功能既相对独立,又相互依存,在体系作战能力的整体功能中各自发挥着不可替代的作用,要形成体系对抗能力,必须实现分散部署的作战要素、单元和系统的融合。智能化战场上,融合了神经网络、大数据分析、云计算等高技术的数据获取网、数据处理与再生网、数据传递网、数据使用网,能自主完成各种数据活动和网络服务,具有天然的"联通"功能,是连接各种作战要素、单元和系统的"枢纽",在优化作战体系结构、保障体系运行和提升要素效能中发挥着重要作用,进而增强作战体系强度。

(一)聚合分散作战要素

在智能化战场上,大数据和信息网络是智能化作战体系生成和发展的基因,二者相互作用和依赖。信息网络无处不在,呈现为泛在形态,依托信息网络,整合战略侦察手段和各种战场侦察手段,将战场空间内的各种侦察卫星、战场雷达、热成像仪、战场监视系统、各类传感器等获取的数据信息,军民情报数据来源,进行实时全维的统一归口。这样一来,不同渠道的大数据可以依据特定规则实时汇集。然后,利用信息网络的各种计算机系统,对各种大数据进行实时、准确的处理,就可以全程、全面、准确、实时地获取和掌握敌情、我情、战场环境数据,为实施快速准确的决策、行动、评估、保障提供数据支持。

在战时,利用信息网络将战场数据感知、传递和处理系统进行高度集成和一体化发展,形成了集指挥、控制、通信、计算机、情报和侦察、监视于一体的 C^4ISR 系统。由于信息网络的整合改变了不同作战要素之间的传统联系和作用方式,改变了作战体系的结构和运行方式,改变了指挥决策、作战部署和行动组织的方式。第一,侦察预警系统、通信系统、指挥控制系统、导航定位系统、数据处理中心以及各种数据设施连成一体,形成全域覆盖、功能齐备的大数据环境,实现战场数据的实时分发传递,从而使作战数据的获取、传输及处理通过网络的连接实现一体化、实时化,通过大数据快速获取信息和知识,为广域分散部署的作战部队和武器平台提供数据支持。第二,泛在网络将各级指挥机构连成一体,各级指挥机构依托信息网络,实现实时数据传输、智能数据处理,各级指挥员、参谋人员通过统一的战场态势图,共同认知和理解战场态势发展,同步组织兵力行动的调整和协同,科学实施决策,实时发布数据,形成网络化、扁平化的指挥体系。第三,泛在网络把遍布于战场每个角落的侦察系统、火力系统、指挥系统、支援保障系统等诸多作战单元,融合成一个有机的作战体系。第四,泛在网络将各级作战部队连成一体,依托一体化的网络数据和指挥体系,各级部队甚至单兵也能够围绕统一的作战企图、共同的作战目标,自主组织作战,形成协调联动的有机整体。第五,泛在网络将战场内的武器平台集合成一个统一的"武器库"系统,在网络内的陆、海、空、天的各种作战平台共享数据资源,以便使敌相互支援配合更加密切。

在海湾战争中,多国部队的 C^3I 系统的神奇功能及巨大的作战效益让世人震惊。时任美国总统布什向远离本土一万多千米的前线部队下达命令一般仅用3—6分钟;在作战高峰期,美军通信系统一天能保持70多万次电话呼叫和15.2万次电文传递。每天还要管理3.5万多个频率,以确保无线电通信网络不受其他用户干扰;在"爱国者"大战"飞毛腿"的过程中,C^3I 系统更是扮演了不可或缺的角色。

当前,作战要素"1+1>2"的增值效应,已成为信息化战争的普遍规律,世界各国都高度重视依靠网络实现作战要素的互联和效能聚合,以形成一体化的作战体系。"一体化"的实质就在于将各种作战力量高效地连接起来,形成有机整体,实现作战功能优化和体系效能的跃升。

(二)优化作战体系结构

不同的战争形态需要不同组织结构的军队,这既是战争发展的客观规律,也是军队建设的必然要求。智能化战争由于作战能力的构成要素以及各要素的比例发生了根本性变化,夺取数据优势具有决定性意义,这就要求以数据技术为基础,着眼有利于数据的快速流动和高效利用来构建组织结构,通过科学调整各军兵种的构成形式、各职能系统的组成方式、指挥控制系统的结构与层次所凸显出来的结构力,将作战能力各个要素凝聚为一个有机整体,最大限度地提升整体作战效能。

在智能化战场上,网络犹如一张无形"巨网",使呈"星点"状的力量联结成"网络"状,使作战力量结构更加坚实、稳固,使得作战体系的结构极大优化,更能适应智能化战争的需要。首先,网络改变了作战要素之间的联系方式,在智能化战场上,各种作战要素、单元、系统都是信息网络上的节点,从而改变了作战要素、作战单元、作战系统的传统联系及组合方式,增进了作战行动的整体性和系统性,作战效能的发挥更依赖于各个系统的有机结合和整体配合。其次,网络支撑作战要素分散配置,由于网络可确保战斗力瞬时集中,各种作战要素就可以分散配置,形成一种分布式的结构。在这种作战体系中,一旦信息网络系统遭到攻击或被摧毁,即使人员、装备完好无损也将是一盘散沙,整个军队的战斗力就会降低甚至丧失。可以说,失去了信息网络的支撑,也就失去了作战的优势。美军的"网络中心战"也是通过传感器网、指挥控制网和武器平台网的综合集成,使得以全球信息栅格(GIG)、联合信息环境(JIE)为支撑的一体化数据信息支持能力实现质的跃升。

(三)实现体系要素一体化

实施体系对抗的最理想的境界,就是实现作战思想、力量构成、指挥体制、武器装备、战场空间等高度融合,建立一体化作战体系,达到"如心使臂、如臂使指"的自由程度。然而,受物质技术条件的限制,在相当长的一个时期内,作战体系结构和功能无法达到理想融合程度,林林总总的"烟囱"严重阻碍着一体化作战体系的形成。随着网络信息基础设施以及大数据技术的运用,可以通过数据在信息网络中的流通,相关的主战单位、配属单位、保障单位的各级指挥员,同时围绕统一企图,依据各自的任务指标数据理解意图、研究战法、组织协同,从而把参战人员的思想和行动融为一个整体,有效解决作战人员思想、观念和行动程序等方面的差异。如果说网络系统是智能化作战体系"肌体"的"血管",那么以大数据为基础的作战信息就是"血液"。没有血液的真正流通,血管的连通毫无意义。如美军大力推动构建的全球信息栅格(GIG)、联合信息环境(JIE),就很重视运行其上的各种数据的采集与积累;数据通过数据链在武器平台中直接传递和处理,实现数据在不同武器平台之间的共享,使侦察平台、传输平台、打击平台各型武器装备实现高度融合、协同行动。

这样一来,在大数据的联通和整合下,可以合理配置与运用各种作战资源,实时调控侦察探测、数据处理、火力打击、战场机动、攻防行动、指挥控制、支援保障等要素,实现多空间、多要素的有序运行。依托数据可以将分散配置的诸军兵种作战力量有机地融合起来,把战场上的各种作战要素及效能实时、动态地进行一体化整合。一方面,依靠数据的支援,单兵对战场情报的掌握和资源的利用能力大幅度提高,其作战能力和战场控制能力也随之大幅度提高。另一方面,通过数据实时分发共享,陆、海、空、天、电磁空间的各种武器系统可实施全维一体化打击。

二、大数据聚合作战体系效能

网络的链接作用实现了作战体系的物理整合,而要发挥联合作战体系的整体效能,还必须实现各种作战要素功能的耦合和体系效能的融合。随着大数据技术的广泛应用,在联合作战体系中,大数据快速流转,大数据渗透到作战体系的全系统全要素、贯穿于全流程全环节,为一体化作战体系提供数据"血液",实现以数据驱动指挥、以数据主导行动,真正实现分散部署的作战要素、单元和系统的功能联合,实现功能上的长短互补、效能倍增,进而带动整个作战体系效能质的跃升。

(一)实现作战要素功能耦合

作战要素功能耦合是建立在物理实体互联互通基础上的功能相互支持和替代,只有在信息技术发展到一定程度时才成为可能。针对联合作战体系与体系对抗的特点,功能耦合强调的是着眼整体效益,综合运用各种资源,使各个子系统中的每个要素、每个环节高度协调、平衡发展,实现各种力量、各种兵器最大的黏合强度和聚合能力,达成作战能力的最佳集成和聚合。在联合作战中,指挥要素、任务部队和武器平台的有机交链,在形式上依赖于信息网络在物理上的联通,在本质上依赖于作战数据在内容和逻辑上进行集成和共享,信息网络是外在的"枢纽",数据才是不可或缺的"血液",二者相融共生、密切协作,才能将空间上分散部署、物理上松散的实体要素"凝聚"起来,实现分散部署而功能耦合,形成真正意义上的作战体系。美陆军战术网络现代化小组的高级数据官员认为,美军要想将跨领域、跨军种的传感器与射手连接起来,首先需要解决跨军种的数据管理及互操作性。在实践上,美军联合全域指挥与控制(JADC2)中心,通过实现传感器、通信系统和数据的快速融合,让陆海空各平台与武器之间共享目标数据,确保做出最有效、最致命的威胁响应,将美军的"联合能力"提升到一个新的水平。

在大数据背景下,大数据监测、分析、挖掘等先进技术,为功能耦合提供了极为有利的条件,以及强有力的技术支撑。大数据技术基于数据信息资源的高效利用,成为控制物质能量状态和运动的新手段。大数据技术军事应用的一个突出特点是,它不仅能用于单项作战能力的提升,而且更适应于实现各个作战能力的功能耦合。在战时,任何作战单元在运用能力要素的时候,既拥有自身的能力,也能实时享用其他作战单元的同要素能力,还可共享作战体系中其他作战单位的其他要素能力。例如,一线作战单位在运用自身侦察能力的同时,还能利用上级和友邻的侦察能力,使陆、海、空、天、电磁领域的侦察能力均可为其所用。数据的流转和共享"激活"了作战体系潜在的作战能力,"聚合"了新的作战能力。可以说,作战体系的作战人员、指挥机构、数据系统和武器装备一旦离开大数据的有效支持,就会游离于一体化联合作战体系之外,必定成为孤立无援的"数据孤岛",不仅无法发挥应有的作战功能,也不可能依靠整体协同生成体系合力,体系对抗也无从谈起。例如,联网战斗机一定优于敌方同等数量的非联网战斗机,因为联网战斗机的每个飞行员不但可以从数字座舱显示屏上看到本机雷达捕捉的图像,而且可以看到同伴飞机雷达捕捉的图像,从而根据战场实时态势,采取必要的打击行动,或对其他战斗机进行支援。

(二)促使体系要素效能融合

系统论告诉我们,系统的功能不仅取决于系统的构成要素,而且在更大程度上取决于这些要素的构成方式。虽然作战要素的功能耦合,可以实现不同作战要素功能相互之间的支持或替代,但提高作战体系的整体作战效能，还需要利用大数据的"聚合"性，实现体系要素效能的融合，才能真正达成"1+1>2"的体系效能倍增的效果。在战场上，作战力量、作战单元、作战要素通过高度集成的数据驱动，就能形成有机整体，从而最大限度地释放出体系作战能力。因此，只有打破了妨碍数据高速流动、实时共享和资源优化的各种壁垒，使各军兵种内部及相互之间的侦察预警、指挥控制和机动、打击、防护、保障系统融为一体，各个作战单元、各类武器系统实现了相互联通，作战要素效能才能真正融合。

大数据拥有严格的技术标准，加上云存储的广泛应用，以及半结构化和非结构化数据融合技术的创新，为部门、系统间的数据实时共享，以及非结构化数据融合共享提供了技术支撑，体制性障碍被基本消除，数据壁垒能够较好地被破除。在战时，可运用云计算服务，从任何地方、在任何时间向任何用户，提供数据存储、计算、通信的服务，通过大数据技术的"渗透"和"聚合"功能，实现作战系统功能融合。通过采取数据嵌入、信息服务等方法，实现信息网络和武器装备系统的互联、互通、互操作，实现侦察情报、指挥控制、联合打击、综合防护、数据保障、后勤与装备保障、国防动员等体系功能的同类功能或异类功能的融合。例如，利用大数据技术，对多种侦察、预警手段构成的立体感知系统和由各军兵种、各作战单位的各种作战平台组成的火力打击系统进行连接融合，可实现全程近实时感知与远程精确打击的有机结合，在形式上实现作战联合化、数据处理网络化和战场打击一体化，就从实质上达成了侦察预警和联合打击功能的融合。这样一来，在作战要素结构和数据不变的情况下，通过体系要素效能融合，并逐步转化为作战体系的整体作战效能，最终实现整个作战体系效能质的飞跃。从事美军大数据研发任务的承包商——美国 DRC 公司高级技术主管帕特里·德伦赫认为，如何使人们更有效地跨机构协作，是大数据技术需着力研究解决的问题。各作战系统都在生产自己的数据，并将其存储在数据竖井中，从而形成一座座混乱成堆的数据"通天塔"。为解决美军跨军种、跨部门协作问题，DRC 公司致力于研发大数据软件，通过在时间和空间上对所收集的数据进行规范和协调，为指挥员和部队呈现一幅统一的作战空间视图，有效提升作战体系跨机构协作能力。

此外，通过大数据在不同部队之间的共享，可实现不同任务部队之间的效能融合。在战时，联合作战指挥机构可依据统一的作战企图，利用战场信息网络，将需要全网共享的战场态势数据分发到所有联合作战指挥席位，这样就可以保证所有指挥席位掌握相同态势数据，不同部队就可以围绕统一的作战企图密切配合，发挥整体作战效能。在组织任务部队完成具体任务时,可根据作战任务的重要程度、态势需求和级别权限,按照相应的指挥层级、作战区域、作战任务和协同关系,向特定任务部队发布与完成任务相关的局部态势数据,这样,在相同区域内或执行相同作战任务的部队可联合执行任务。20世纪90年代以来,美军先后开展了核心体系架构数据模型、指挥控制信息交换数据模型、基于数据的指挥决策、网络中心战数据策略等一系列数据的集成建设,以军事领域为核心推进国家《大数据研究与发展倡议》,极大提高了美军数据集成运用水平,有力促进了美军联合作战一体化发展,大幅提升了美军体系对抗能力。

(三)驱动作战体系效能聚合释放

作战体系效能融合只是途径而不是最终目标,作战制胜的关键在于内在效能转化为与敌对抗的实际效能。作战体系效能融合只是利用大数据技术的强大渗透性、功能整合性及效能倍增性,实现作战体系内同类强点聚焦和不同优势互补。要想将这种内在效能依照作战需求精确释放,需要运用大数据资源和技术,获取可靠的信息和知识,维持整个作战体系的有序运行,进而确保内在效能根据作战需要有序、高效释放。首先,大数据在不同指挥层级、作战单元之间的流动共享,促进了整个作战体系对战场态势的整体感知、共性认知和共同理解。分散部署的作战力量就能共同理解战场态势,能够更为自觉地服从联合作战全局需要,使指挥控制和行动协同在思想上更自觉、目标上更集中。其次,数据控制兵力火力的快速转移和机动,行动上更精确、反应上更灵敏,做到面向目标聚焦、基于效果协同,相互配合和支援。

在战时,通过大数据在网络中快速、广域流转,作战部队及其武器平台,包括飞机、装甲车、火炮、舰艇以及各种无人作战系统,不管处于什么位置,都能根据战场态势发展变化组织作战行动,更迅速、彼此协作并有选择地攻击目标,由此必然实现作战体系内在效能的聚焦释放,从而极大地提升整体作战效能。美国空军作战部门根据 12 000 架次和 19 000 小时飞行时间的数据统计发现,网络中心战较之平台中心战的作战效能在白天、夜晚分别提升 2.61 倍、2.59 倍。

第二节 大数据+数据化:深度认知战场的必由之路

在未来战场上,各种侦察预警手段的大量运用,不同渠道获取的海量数据信息源源不断地汇集,传统的数据处理、传输手段面临严峻挑战。大数据技术则具有独特优势,不仅能实现对指挥决策和部队行动的数据化描述,对多源数据信息进行实时处理和显示,而且能通过数据挖掘等技术手段实现数据信息增值,对各种数据信息进行高效关联,从而使人们深度掌握战场态势运行的内在规律。

一、大数据反映实时战场态势

在信息化战争中,反映敌情、我情和战场环境的数据成指数级增加,阿富汗战争期间,美军为打击一小股恐怖分子,其部署在太空、空中和地面的全方位情报侦察监视系统在 24 小时内便产生了 53 TB 的数据。大数据技术不仅能充分弥补传统数据处理技术的不足,而且能根据作战需求,快速形成实时战场态势。

(一)大数据客观还原战场"三情"

现代联合作战体系是一个复杂的巨系统,其中涵盖着敌、我、环境各种数据信息,同时随着敌我对抗态势的发展,必然会产生各种各样新的数据信息。在战时,分散部署的侦察预警系统以及各种传感器源源不断地获取各种数据信息,其来源涉及陆、海、空、天、网、电等各维作战空间,其形式包括文电、短语、图形、图像、声音、视频等,形成了海量的大数据;作战指挥中心的每条指令都是以数据的形式存在并发挥作用的。这些数据信息是战场环境以及作战指挥、部队行动数据的载体,客观反映着敌情、我情和战场环境的实际情况,是战场态势的综合反映。正是这些瞬息万变、纷繁复杂的海量数据构成了最基本、最客观、最全面的战场态势,从而也使大数据本身成为战争攻防焦点。在作战过程中,运用多维空间的侦察监视系统,获取海量大数据,并对其进行分布式储存、关联分析和深度挖掘,实现对战场态势的整体把握;借助机器学习、自然语言处理等人工智能技术,得出客观的分析结论,实现对作战行动中复杂的目标关系、时空关系和效果关系的准确评估,最大限度扫除"战争迷雾"。因此,占有足量保鲜的大数据,并对其进行高效利用,可为指挥决策和部队行动提供可靠的数据支撑,可将大数据优势转化为决策和行动优势,从而在敌我博弈中趋利避害,掌控作战主动权。

在大数据时代,部队的任何行动都会在军事数据空间留下"数据脚印",通过作战大数据的关联和挖掘,就能找到相关的真实情报,还原战场实际情况。大数据只有真实反映战场的客观实际,才能辅助军事人员正确认知战场态势,进而创新性地运用战场条件;虚假数据不能正确反映战场实际,不仅无法发挥应有作用,反而会对作战指挥和部队行动带来各种负面影响。此外,客观存在的战场态势具有内在的结构性、有序性和关联性,要想准确把握战场态势及其发展,必须实时获取敌情、我情和战场环境等各种数据信息,并利用大数据技术手段对战场态势数据进行快速处理,确保反映战场态势数据和作战规律的数据必须是准确的和有序的。例如,美军曾通过基地组织资金库数据关联,成功获取阿富汗毒枭为基地组织提供资金的情报。

大数据可以客观反映不同数据的关联关系。战争和作战是一个复杂的社会现象,关联战争和作战的数据纷繁复杂,大数据相关性的分析判断让人们更多地发现和认知人与事、物与物、物与事、事与事之间的"关系",从而可以更加清晰地认识战争和作战问题。通过对海量大数据进行分类、聚类和关联分析,揭示数据的相互关系和变化规律,研究战场态势的形成基点、变化点和传导途径,从而发现不同目标、行动之间的隐性关联。在大数据支持下,指挥员通过微小的关联性但海量的数据来发现战争迷雾中的内在规律,掌握敌方战役企图、作战规划和兵力配置,使战场在我方眼里尽可能变得透明。在战时,可采取人—机结合的方式,将战场态势数据进行汇总、整理,依据指挥活动和作战行动的基本规律、实际需求,建立显性关联图谱;运用抽取、聚类、推理、分析等方法,对战场态势中隐藏的特殊关系进行搜索、挖掘,建立隐性的关联图谱。形成本级态势数据后,进一步向上级、友邻部队提出相关态势数据需求或将本级相关态势数据汇入上级、友邻数据网络之中,实现本级与上级、友邻态势数据的互联互通,形成部队基本的作战视图。这样,依据大数据的关联规则和实际结构,战场多个目标或行动之间的相互关系及关联因素就能直观、清晰地显示出来,指挥员及其参谋机构就能了解和掌控全局态势。

实际上,战场客观环境的复杂性、敌我对抗的不可预见性,使战争永远是一个充满不确定性和偶然性的领域。透明与迷雾始终是相对的。大数据技术能够在一定程度上破解战争迷雾,同时也必然有新的能制造新的更复杂的战争迷雾的手段出现,这样一来,战争透明是大数据技术优势一方的主动权,拥有信息优势的一方在制造战争迷雾上有更多的选择,大数据技术优势的一方必然更容易获得战场透明。

(二)大数据技术实时处理海量数据

智能化战场高度数字化、网络化、集成化,大量传感器以及网络数据体系的发展应用,构建了一个虚拟的数字空间,在作战过程中,各种数字设备、信息系统和感知网络等不断产生海量的电子成像、光学影像、网络监听等情报侦察数据,气象水文、地理信息、电磁频谱、授时导航等战场环境数据,指挥文电、打击控制等指挥控制数据,如果不进行快速处理,其中有价值的数据信息将很快过时失效。同时,由于侦察预警系统和传感器无法对数据进行精确甄别,加上敌方的人为欺骗和干扰,必然会获取大量虚假数据,要在海量的数据中始终抓住有用数据,剔除无用数据,各级指挥机构就必须综合运用各种技术手段进行数据处理。实际上,由于战场态势数据呈指数级迅猛增长,传统的以人工为主的后端数据处理、存储和分析方式无法满足海量数据处理的需要。在阿富汗战争中,美军投入8万名情报分析处理人员,仍旧无法在规定时间内形成对空间及空中侦察图像数据的判断结论。

大数据技术快速发展,突破了小数据处理技术的不足,提供了海量数据实时处理的可靠手段,信息处理水平和能力将全面提升。高速网络、云计算平台的发展和运用,解决了数据传输处理的硬件制约。美国海军和海军陆战队试验的"语义维基"大数据分析方法,可以搜索视频、情报以及卫星影像,还可加入视频流。其更有发展前途的"防务情报信息企业系统",利用空间"大数据"技术,从诸多传感器和数据库中收集、处理、分析信息,有效提高了数据处理效率。此外,数据挖掘、预测分析、语义引擎等技术的不断突破,加速了数据分析与挖掘速度,用户将实现无感响应。在战时,在对海量高清视频图像处理上,采取小数据处理技术对后端服务器的硬件配置、处理性能要求非常高,不仅设备成本高,而且分析处理时间长,难以实现对视频数据的实时处理。利用大数据分析处理服务平台智能视频分析技术,进行前端采集、分析、识别、提供有效数据到后端,云平台以云的方式对视频数据进行存储、二次深度分析、预测判断结果,从而为视频数据提供了从前端、平台到后端的闭环应用。例如,全国智慧工地大数据云服务平台搭载的前端视频智能监控设备,实现了后端智能分析部分功能前移至摄像机前端,对视频进行浓缩摘要、检索处理,原本5分钟的监控视频通过智能提取,进行浓缩分析,可以缩短至20秒。在军事应用上,美军开发的新一代大数据系统,能够以100倍于当前的速度理解传感器收集的海量数据。

从更深层次看,相对小数据信息处理技术,大数据处理技术赋予了各类数据终端的智能化数据识别和处理能力,在源头上保证了数据获取和传输的有效性。首先,大数据技术大幅提高了多源数据综合处理的效率,能够快速自动生成多元融合的大数据产品,从多维甚至全维角度反映事物的本质。其次,大数据处理技术的智能化程度更高,具备更强的数据甄别和综合处理能力的自动化处理系统,可自动拒止和清除无用的、有害的数据,做到有用即取、无用不要,确保数据系统的高效运行。例如,通用动力公司的"信号之眼"(Signal Eye)通过使用机器学习自动对信号进行分类,从而提供频谱状况感知,在战术上为操作人员提供及时、准确的RF电磁频谱威胁展示界面,并能够检测对手的行动趋势。再次,利用大数据挖掘技术,不仅能深入数据内部,挖出特定数据蕴含的特有价值,而且能利用不同的分析模型,在看似弱关联的数据中找出强因果关系,自动得出结论,并产生新的数据,进而革命性地改变数据信息的运用方式和效率。最后,未来大数据分析、处理、分发系统,可依托云环境将各作战单元、要素所需数据实时分发到位,不仅分发共享过程是按需自主完成,而且能做到有用即给、无用不发。这样,战时可充分发挥大数据技术分析处理优势,基于分析全局数据,从纷繁零散的数据信息中提取知识、发现规律、捕捉细微变化、发现重大征候,解决"知之不全""知之不真""知之不细""知之不深"的问题,预测敌方企图以及可能采取的行动,如图4-1所示。

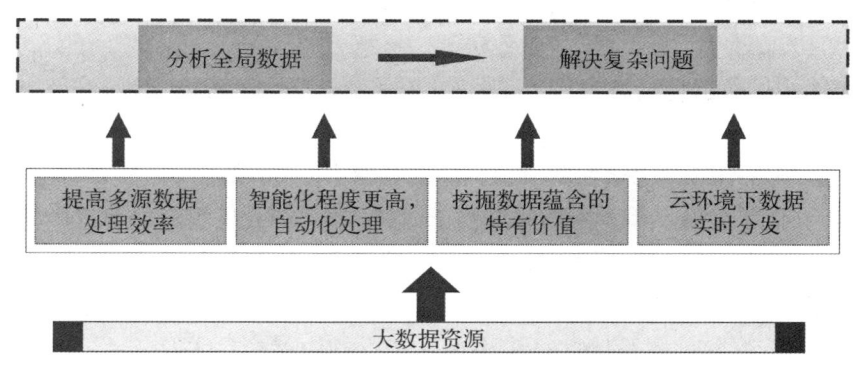

图4-1 依托大数据处理解决复杂问题示意图

(三) 大数据挖掘实现数据信息增值

大数据的重要意义之一是让作战人员在数据中发现新知识、创新价值。通常,人们把原始数据看作形成知识的源泉,就像从矿石中采矿一样。原始数据可以是结构化的,如关系数据库中的数据,也可以是半结构化的,甚至是分布在网络上的异构数据。知识发现(knowledge discovery in database,KDD)是指在数据资源中鉴别出有用数据的重要过程,该数据必须是新的、可能有用的,并且可以被最终用户理解的。通常,发现的知识可以被用于数据管理、查询优化、决策支持、过程控制等,还可以用于数据自身的维护。数据挖掘是知识发现中的关键步骤,主要是根据知识发现的目标,选取相应的算法(包括选取合适的模型和参数),对数据进行分析,从而得到可能形成知识的模型。

大数据挖掘主要是指从大量的、不完全的、模糊的、随机的数据中,提取隐含在其中的、具有重大潜在价值的信息的过程,是数据时代一种新的数据运用方式。其主要模式包括预测型和描述型两种。预测型模式可以根据数据项的值,精准确定对应的结果,并且所使用的数据都是可以明确知道结果的。例如,电信行业中预测客户流失情况,数据库中必须含有过去客户流失的历史数据信息。描述型模式是对数据中存在的规则做一种描述,或者依照数据的相似性把数据分组。描述型模式必须满足以下三个条件:一是模式必须是强模式,例如,这种模式在90%的时间都可能发生;二是模式是用户感兴趣的;三是模式是有用的。

大数据挖掘不仅能深入数据内部,挖掘出潜在的价值,而且能通过不同的分析模型,寻找出新的数据、价值。通常,大数据挖掘需要汇聚不同领域的研究者,尤其是数据库、人工智能、数理统计、可视化、并行计算等方面的学者和工程技术人员。主要的数据挖掘方法包括概念描述、关联分析、分类、聚类、偏差检测和时序演变分析等。数据挖掘主要是面向应用的,其对数据库中的数据进行微观、中观甚至宏观的统计、分析、综合和推理,用来指导实际问题的求解,从而发现不同事件之间的关联,利用已有的数据对未来的活动进行预测。这样一来,人们对数据的运用就从低层次的末端查询操作,提高到为决策活动的全方位支持上来。在军事上,战场海量数据的高效运用,不只是单纯的数据占有,更重要的是,对海量数据高效处理,从中挖掘出高价值信息,为指挥员提供可靠精准的信息保障。例如,在阿富汗战争期间,美国陆军的侦察系统在一个小型反恐行动中就产生了日均 53 TB 的数据。如此庞大的数据量对于指挥机构的设备和人员来说都是一个非常严峻的挑战。能否有效消除"战场迷雾",并不在于能够获得多大的数据量,而在于是否能够从海量数据中挖掘准确有用的信息,将其作为作战行动决策的依据。

在作战中,通过大数据挖掘可发现战场态势的未来发展。在战时,采用大数据挖掘方法和手段,通过对同一目标或某一行动的态势数据统计分析,可以发现该目标或行动的形成历史和变化特点,发现战场态势的量变、质变规律和趋势。运用概念描述、关联分析、分类、聚类、偏差检测和时序演变分析等主要数据挖掘方法,对数据库中的数据进行统计、分析、综合和推理,利用已有的数据对敌方作战企图、战场态势发展进行预测。通常,为更好地认识和挖掘大数据价值,需要按照战场客观实际的内在结构、秩序及相互关系,对大数据进行精心整编处理和有序组织,即以数字化方式"虚拟"和"复现"结构化、有序化、系统化的战场实际,这是确保大数据进入人脑、发挥效益的前提。大数据挖掘必将成为高效运用数据资源,揭示数据背后信息的重要手段。早在 2012 年 3 月美国国防部高级研究计划局启动的"X 数据"计划,就将数据挖掘视为大数据战略在国防安全领域的核心功能加以重点研究。

（四）大数据连接着主观与客观世界

在智能化战场上，大数据客观反映战场态势，在运用过程中通过相互交融和有机交链，构成了连接作战人员主观世界与战场客观实际的"数据空间"。这种"数据空间"是战场客观实际的真实"映照"，与现实世界的作战实体之间，存在着一一对应的关联映射关系，为指挥人员通过数据，认知和把握敌情、我情和战场环境这"三情"提供了可能。"人"和"物"之间通过大数据的"桥梁"和"媒介"作用，构成了作战人员认识"三情"、利用客观条件的特有控制反馈回路。

在战时，通过各种渠道获取实时战场态势数据，通过各种数据库的支撑，运用大数据技术对数据信息的处理，搭起了大数据在军事人员主观思维与战场客观实际连接及效果转化的内在关系和联系。认识论告诉我们，作战人员之所以能借助作战数据认知和改造战场的实际，正是因为作战数据能够被认识，否则便失去了存在的意义和使用价值。大数据作为对客观战场实际的数字化"快照"，在作战指挥和部队行动中发挥作用，首先需要进入军事人员的思维世界，即能够被人认知，并通过人脑对其理解和加工，据此准确把握敌情、我情和战场环境。这一过程充分反映了"人"对"物"的能动作用，其中作战数据是人"能动"效应的根本支撑。一旦作战人员特别是指挥人员掌握了作战数据反映的"实情"，就能对其进行高效、准确运用，将其效能转化到作战行动之中。

在智能化战场上，大数据无处不在，作战人员只要认识和理解大数据的内涵和发展，利用数据优势达成军事行动目的的各种内在关系和联系，就能增强主观能动性。认识和理解大数据必须把握其本质特点和运用规律。作战人员在理解和认知战场实际、把握战争规律时，必须善于从海量数据中搜集需要的数据，运用数据精确服务作战。毛泽东提出的"去伪存真、去粗取精、由表及里、由此及彼"的情况分析判断方法，其实就是认识和利用数据的过程。实际上，认识和掌握了大数据的本质，使数据流转与作战人员思维"合拍"，人脑想到哪里、数据就支持到哪里，作战人员才能掌握实时态势，根据作战全局需要组织作战行动。美军依托大数据开发的"分布式通用地面系统"，建立收集、处理、分发和共享多源情报数据综合应用平台，用实时智能的数据融合判读技术，将"孤立碎片"融合为通用"全景拼图"，帮助指挥员全面实时掌握战场态势发展。此外，平时互联网、广播电视的数据中也蕴含着军事信息，通过对反映作战对手军事战略、军事行动、战场建设、装备发展、重点人员的岗位变化、军事技术手段发展等数据的关联分析，可以对作战对手的企图进行准确预判。

(五) 大数据保障作战人员知行合一

战争活动十分复杂，但总体上可归为战争认知、战争行动两大部分，并通过战争的认知系统和行动系统，分别在战争的认知域和行动域中表现出来。战争认知系统主要解决作战中的判断、决策、控制等问题，为战争行动系统提供方向，属于思维领域的活动，结合到具体作战行动中，是指挥员和战斗员对战场情况的了解、认识和指导行动的过程。战争行动系统主要解决作战中的行动、样式、方法等问题，属于实践领域的活动。战争的全部活动就是这两大系统相互作用的过程，就是"观察—判断—决策—行动"（OODA）的循环往复。由此可以看出，人类战争活动最核心的东西，就是作战双方的认知能力和行动能力在战争的认知域和行动域中的对比和对抗。

在传统战争中，由于数据获取、传输、处理和利用技术手段的限制，作战人员无法实时掌握整个战场态势，"战争迷雾"成为干扰指挥控制的首要因素。克劳塞维茨在《战争论》中指出："敌方的作战企图、战场动态以及现况，尽管已方尽一切努力去探求、侦察，但大部分时候对于敌情的获得还是十分有限，战场行动因缺乏敌方的有效数据，而时常处在一团迷雾之中。这种'战争迷雾'，使战争的过程、结果就像一匹脱缰的野马，任何人都无法掌握和控制。"① 因此，要把战争由一匹无法控制的脱缰野马变成高效可控的驯马，就必须变革和强化作战的认知系统，提高人类对作战的认知、判断能力。大数据技术发展以前，这种认知的革命还受到技术条件的限制。在未来战争中，由于大数据技术的广泛运用，数据获取、传递、处理、决策和控制能力发展到了一个空前高的水平和程度，实现了战争认知能力的大幅度跃升，初步改变了战争认知系统长期落后于行动系统的状态，使二者在战争中开始趋于同步。同时，战争认知能力的跃升又牵引和带动了战争行动能力的大幅度跃升。

二、数据化直观展现战场态势

数据化可通过标准化的数据反映战场态势，为实时态势融合提供了可能。战时，利用大数据技术对敌情、我情、战场环境数据实时融合，全网按需分发共享态势数据信息，各级部队就能共性认识和理解敌我部署态势、攻防态势、电磁态势等态势数据，从而围绕统一的作战企图同步协同、有序联动。

（一）数据化通过数据来描述作战活动

从认识论看，把握战争制胜规律必须深入认识和理解作战活动。作战

---

① 克劳塞维茨：《战争论》，纽先钟译，广西师范大学出版社2003年版。

活动是敌我双方的活力对抗行动,其中蕴含着敌我双方的作战力量、装备物资、攻防行动,以及战场环境、时间等各种因素的发展变化,活动过程十分繁杂,而且战场敌情、我情、环境数据瞬息万变,导致了各种各样的"战争迷雾"。亘古至今,指挥员都希望利用各种技术手段,揭开"战争迷雾",掌握战场态势发展变化规律,做到趋利避害,牢牢掌握作战主动权。但在传统战争中,由于数据获取、传递、处理和利用技术手段的限制,破除"战争迷雾"主要依靠指挥员的分析判断。

随着大数据技术的发展,量化技术和范围极大地拓展开来,将战场环境、时间、作战力量、装备物资、攻防行动等各种要素转变为可量化的形式。在战时,可根据不同用户关注的态势信息及不同的粒度,对大数据进行不同维度的抽取和展现。通常,为更好地认识和把握作战活动及其内在规律,不仅要将反映部队单位代码、番号、代号、指挥关系、保障关系、隶属关系、级别、任务、专业分类、性质、驻地、机关及主官特点等的信息数据化,还要将反映敌我部署态势、攻防态势、电磁态势等态势数据,以及反映作战决心方案、协同动作计划、火力运用计划、综合保障计划等方案数据化,通过数据客观描述整个作战活动。一方面,可利用大数据的多维性,从不同角度对敌情、攻防行动等做具体分析。大数据的多维度就如同几万人同时"摸象",再把这几万人的反馈汇总到一起,从而确保分析的准确性。另一方面,可通过各种模拟、仿真等技术手段对作战活动进行分析,从深层次认识作战活动的规律及发展变化。例如,指挥网络中流转文本扫描件的作战文书时,电脑不能对作战文书进行自动识别和分析,依据的还是指挥人员的逐行逐字理解,这种数字化的应用效果,有时甚至还赶不上传统语音通信,在实战中很可能贻误战机。然而,将作战行动数据化之后,以电脑能够识别、分析的数据形式传递,还有各种支持决策的数据也一并传达,这时指挥人员就可以在电脑的数据智能分析支持下,更快、更优地做出判断、定下决心,更加有力地调控部队作战行动。

(二)数据化提升态势融合效率

战场态势是指战场上兵力分布及环境条件的当前状态和发展变化趋势。战场态势的主要构成要素通常包括战场态势的兵力、环境、事件和估计等,其本质是由反映战场整体情况的数据集合构成的,是指挥员实施决策和对部队进行有效控制的直接依据。掌控战场态势是指挥员调控部队行动的前提,战时能否快速准确地掌握实时态势数据信息,直接决定着指挥决策的效果。因此,在作战过程中,将不同渠道获取的数据处理成情报产品,融合生成战场态势极为重要。战场态势融合又是各级指挥员共同理解态势的基础。然而,态势融合在本质上是数据融合。在智能化战场上,分散部署的多传感器实时获取各种数据信息,战场态势融合实质上是多传感器数据融合。这种多传感器数据融合本质上像人脑综合处理数据一样,其基本原理就是充分利用多个传感器资源,通过对多传感器及其观测数据的合理支配和使用,把多传感器在空间或时间上冗余或互补的数据依据某种准则来进行组合,以获得被测对象的一致性解释或描述。战场态势融合具体过程如下:多个不同类型的传感器搜集观测目标的数据;对传感器输出的各种数据进行特征提取和变换,提取代表观测数据的特征矢量;然后,对特征矢量采取聚类算法、自适应神经网络、统计模式识别等方法,进行模式识别处理,完成各传感器关于目标的说明;将各传感器关于目标的说明数据按同一目标进行分组,形成各种数据的直接关联;最后,利用融合算法将每一目标的各传感器数据进行合成,得到该目标的一致性解释与描述。在作战过程中,通过对各维空间的多传感器获取的数据进行融合,直接反映不同传感器数据的相互关联,这样,在解决探测、跟踪和目标识别等方面,不仅能提高整个感知系统的可靠性和鲁棒性,而且能增强数据的可信度,并提高精度,扩展整个系统的时间、空间覆盖率,最终大幅提升系统的实时性和数据利用率等。

随着大数据技术应用,各种作战活动逐步实现数据化,这样一来,不同时间与空间的传感器获取的数据,都表现为具有统一标准格式的数据,应用计算机技术对按时间序列获得的多传感器观测数据,在一定准则下进行分析、综合、支配和使用,获得对被测对象的一致性解释与描述,进而实现相应的决策和估计,从而获得比它的各组成部分更充分的数据信息。相反,在小数据背景下,敌我对抗态势的数据化程度低,数据接口智能化不足,大量数据的录入和筛选需要人工操作,不仅难以提高态势数据的融合速度,也人为增加了数据漏录或错录。例如,在小数据背景下,侦察情报体系侦搜到的各类情报,需要经过多轮人工的录入和筛选,才能进入情报融合环节,对情报录入人员的经验和情绪稳定性要求很高,存在人为疏忽或操作失误而造成情报数据漏录或错录的隐患。在大数据条件下,作战体系的数据化程度大幅提升,其中嵌入了大量智能化的数据接口,情报数据、火力打击数据、数据对抗数据、综合保障数据等,可根据预先设置,由电脑自动识别、录入和传输给指控系统,技术人员起到的是引导和监督电脑自动分析的作用,从而大大减少人为操作所引发的数据错、漏、慢等问题,指挥人员可以有更多的时间和精力组织作战模拟推演,思考作战谋略运用等问题。

(三)数据化实现态势实时展示

高效显示种类繁杂的战场态势数据是高效指挥决策和组织部队行动的

重要保证。作战行动是敌对双方的活力对抗,敌情、我情时刻动态多变,即使是自然环境、社会情况也会随着敌对双方人为利用以及自然条件的改变,不断发生变化。在信息化局部战争中,战场态势发展变化更快。此外,在不同作战需求下,战场态势描述的空间范围、态势要素种类各不相同,而且提供的数据是多渠道、多手段、多目标数据的综合,数据信息种类十分繁杂。在小数据背景下,通常很难对战场态势数据进行全方位的实时展示。

随着大数据技术的发展和应用,大数据存储、处理和可视化技术为战场态势实时展示提供了可靠的保证。首先,大数据存储技术建构于密布战场的信息网络基础设施之上,主要通过"云存储"技术存储数据信息,指挥员和指挥对象可在任何时间、任何地方,透过战场上任何可联网的装置连接到"云"上来进行数据存取。其次,大数据处理技术主要依靠在人的少量参与下(即"人在回路")的机器智能技术进行数据处理,其通过机器学习来对人的思维活动进行模拟,在语言识别、图像识别和专家系统等方面有着广泛的应用前景,能够对多源海量数据进行快速高效处理。最后,大数据可视化技术运用计算机图形学和图像处理手段,将海量数据转换为图像在屏幕上显示。通过可视化技术,在机器智能自动分析数据中隐含规律的同时,指挥人员还能通过图像发现未被机器发现的隐含数据,为作战决策提供更多参考。通过可视化图像,指挥人员很容易发现网络中访问量最大的节点与地理空间的关系,从而为下一步的作战行动提供决策依据。美军《联合作战顶层概念:联合部队 2020》中描述的全球一体化作战构想,计划研发便携的云指挥系统,其通过大数据技术支撑,运用先进的移动网络技术将指挥部与战场"实时连接",增强指挥官和参谋们了解战局、制订作战计划的能力。

(四)数据化保障共同理解态势

大数据更多地源自无时不在、无处不在的记录,这种记录是对世界上人、事、物的全面量化,也被称为"数据化"或"深度数字化"。将战场态势信息数据化就可以通过统一的格式、标准对数据进行规范,这样一来,部队可以使用相同的态势数据描述参数、方式和格式。当使用特殊的态势数据描述参数和格式时,应在数据上报或共享前及时转换成统一的参数和格式,确保获得的目标敌我属性、威胁等级、识别情况等知识性数据的一致性。此外,还可以使用大数据技术手段,特别是通过统一的格式和标准,对数据进行规范,实现战场态势标准化描述,部队就可以使用相同的态势数据描述参数、方式和格式,确保获得的目标敌我属性、威胁等级、识别情况等数据的一致性，保证所生成的战场态势能够准确、真实地反映实际的战场态势情况，且在不同级别和用途的战场态势中保持相同的显示。

在战时，各种态势信息数据都可以通过云平台共享和显示。大数据云服务平台实现了大数据技术和战场各种侦察预警终端的融合，把不同渠道获取的孤立数据内容通过大数据技术的加工，形成可视化结果呈现，实时、直观地反映战场敌、我、地实时数据。按照作战指挥、部队行动和武器平台使用中的不同需求分发和共享态势数据。各级指挥人员可以根据权限使用云平台上的数据，各级指挥机构可以统一处理、分布存储和集中管理多源的数据，构建时空基准统一、标准规范一致的联合战场态势图，共性认识、共同理解战场态势，各个作战单元看着同一张"乐谱"，就能做到随着同一韵律协调、有序联动。部队在遂行本级任务时，能够通过一体化的信息网络清晰地掌握上级的意图、友邻的行动、敌方的情况，不仅能充分调动本级的主观能动性，而且能够主动地了解上级、友邻的数据，同时向上级、友邻传递相关数据，主动地响应友邻的行动要求。美军开发的通用作战视图（COP）系统，运用大数据技术生成符合战场实情的通用态势图，可使分散在不同位置的指挥员及其参谋人员就像在同一地点组织联合作战协同一样。

三、大数据分析预测态势发展

作战是敌我的对抗，要想掌握作战主动权，就必须准确预测态势，掌握先机，采取先敌行动。在战时，分散部署的作战力量实施自主行动，不仅要掌握实时战场态势，共同理解态势，而且要能够预测战场态势的可能发展变化，这样才能高效组织分布式的作战行动。根据特定数据的细小变化，预测分析某一目标或某一行动的可能发展，可以确定其对作战进程和结局产生的影响，从而预测战场态势发展。通常，数据容量越大越能反映事物的本质，因此，预测战场态势的发展，必须掌握大量、准确的实时态势数据信息。在小数据背景下，由于数据获取、分析和利用技术的限制，难以准确把握战场发展趋势，主要依靠指挥员分析判断，预测战局的可能发展。在大数据背景下，运用各种大数据技术对实时获取的多维战场全样本数据进行分析，可以快速推理出各种数据蕴含的背后数据，准确预测态势发展，并有准备地采取针对性行动。美国国防部开展了"洞悉计划"（Insight）、"视频与图像检索分析工具"（VIRAT）和"国防情报信息企业架构计划"（DI2E）等项目，主要通过大数据分析来实现对潜在威胁和非常规战争行为的自动识别。美国国家安全局称，通过"棱镜"等监视项目，美国政府至少挫败了50起恐怖袭击事件。

　　海量大数据为预测态势提供了依据。大数据运用的最重要领域就是预测性分析,从各种大数据中找出特点和相互关系,预测各种要素、条件的可能发展。大数据分析监测以海量数据为基础。大数据体量巨大,类型繁杂多样,如数字、视频、图片等,涵盖敌我双方、气象水文、地理位置等各种数据,为预测战场态势发展提供可信依据。如,美国塔吉特(Target)超市通过对女性怀孕期间购买商品的大数据分析,能准确推断出孕妇的临盆时间,从而在孕妇的不同孕期阶段寄送相应产品优惠券。2016年,我国交通运输部门首次利用大数据分析法,对春运旅客出行规律进行了研判,通过大数据模拟春运40天,科学预测了全国旅客发送总量、节前客流高峰、节后客流高峰、客流主要集中方向和航线,以及旅客对网络购票、换乘衔接等方面的需求,为科学、高效地组织春运工作提供了数据保障。与此同时,随着海量异构数据关联挖掘、融合处理和人—机推理等技术的发展,结合高性能云计算技术,数据获取、处理和分析时间空前缩短,多源异构数据挖掘、网络威胁侦测等能量大幅提升,为态势预测提供了新的手段。

　　大数据分析可能发现影响战局发展的深层因素。大数据监测分析主要通过云平台储存海量数据,以各种数据统计、分析、挖掘模型为基础,利用大数据搜索与挖掘等技术手段,根据战场态势的实时变化,对各种实时数据和基础数据进行自动分析。通过对不同格式、不同渠道获取的敌情、我情和战场环境等因素进行关联分析,能及时发现各种条件的关联及其可能的变化,挖掘各种数据之间的关联性及关联程度,可以发现偶然性背后的必然性规律,指挥员根据可视化分析和数据挖掘的结果,能对战场态势发展及各种利弊因素做出预测性的判断。例如,通过对战地新闻记者播发的视频、各种传感器拍摄的作战区域照片,以及社交媒体上特定人群的聊天内容进行组合分析,能从作战全局中捕捉到敌方作战行动的发起征兆,及时发现高价值的敌军行动线索,降低预见判断的不确定性;通过将作战行动、油料补给、气象水文等分散的数据库关联起来自动分析,能够揭示敌方可能的战法运用、通道选择和作战持续时间长短等重要数据,或者发现敌军后勤补给困难等其他有价值的信息,提高战场态势预测趋势的准确性。2012年3月,美国国防部高级研究计划局启动"X数据"计划,将数据分析挖掘视为大数据战略在国防安全领域的核心功能加以重点发展,美军认为,通过对大数据的有效开发,利用大数据工具可提高军事人员对多个战场空间情报的发现和深度认知能力,可以较为准确地把握诸如敌方指挥员的思维规律,预测对手的作战行动、战场态势的发展变化等复杂问题。

第三节 大数据+算力+算法：
掌握决策优势的关键

"夫未战而庙算胜者，得算多也。"亘古至今，战场上的精算细算直接决定着作战主动权的获取，乃至战争胜利的归属。随着大数据、人工智能技术在军事领域的广泛运用，推动作战计算方式不断地深刻改变，军用软件、智能系统成为作战计算的新载体，运用大数据为支撑的"算法战"，对敌方决策链路实施攻击，扰乱其指挥决策，同时利用机器认知、人—机结合的综合认知系统，压缩己方的感知认知决策行动链路，就可以在"观察—判断—决策—行动"（OODA）循环中，占得先机，形成对敌决策优势。

一、作战从来是精算决定胜算

战争是人的智慧的较量，发现并成功利用敌方作战体系的弱点是打赢的关键之一，只有通过精心的计算，才能实现"算计"，进而掌握作战主动权。战争实践也不断证明，越是精算战局，就越有取胜把握。20世纪60年代，我国防空导弹部队依靠"近快战法"，一举击落了装备电子预警系统的美制U-2飞机。"近快战法"之所以成功，作战中的精算细算发挥了至关重要的作用。在战前，防空部队精确计算出敌机摆脱导弹攻击所需的时间，精确计算射击准备时间，精确计算敌机距离及雷达开机时机，得出必须在20秒内解决战斗的情况判断结论；同时通过大幅度精简射击和指挥流程以及苦练加巧练，将"萨姆"导弹发射准备时间由规定的七八分钟压缩至8秒钟之内，将防空作战行动带入"秒杀"时代，将"不可能"变成可能，创造了现代防空作战的新战法，实现了手中武器作战效能的倍增。

亘古至今，优秀指挥员都懂得数中有术的深刻道理，作战筹划不仅重视定性分析、概略筹划，更重视定量分析、精准计算，精准计算投入兵力、运用时机、使用火器、弹种弹量，确保以合理的资源使用与耗费，达到最佳的作战效益。在革命战争年代，毛泽东在指挥作战时十分重视对敌我双方情况进行科学分析计算，强调各级指挥员要"胸中有数"。粟裕大将更是鲜明指出："打仗就是数学。"海湾战争以来，美军把作战计算纳入联合作战指挥程序，明确了联合指挥各环节的作战分析与计算任务。而俄军把战役计算作为司令部实施战役准备的一项重要内容，作战计算任务分工明确、流程顺畅。根据有关资料，美军也明确指出：计算能力的提升使对手得以更好地追平美国传统的军事速度和敏捷性,并保持作战空间感知能力。可以说,"算法"与战争相伴前行,其形式与载体也是随着战争形态演变而不断发展的。从我国古代的各种兵法、阵法与战法到第一次世界大战前德军的数学公式推演和图上作业,从1914年提出的兰彻斯特方程到海湾战争前美军的兵棋推演,作战计算随着技术的发展而不断演进。当前,大数据、人工智能技术推动作战计算方式继续深刻改变,军用软件、专家系统成了"算法"的载体,利用大数据对敌情、我情和战场情况量化统计分析,运用高性能计算机对作战问题进行准确的量化描述,并产生清晰的作战指令和策略机制,成为作战计算的新发展、新形式。

二、大数据是精算细算的新支撑

就未来智能化战争而言,作战体系复杂、力量多元、空间多维、行动多样、情况多变,作战精确性要求更加突出,精确打击、精确保障成为基本作战和保障样式,打赢更需要深算细算。筹划指挥联合作战行动,尤其是实施联合火力打击,必须精准计算投入兵力、使用火器、弹种弹量等,精细规划作战行动的时空域和电磁域,精确对接支援保障和轮换接替方式。如果算得不准,就会导致协同失调,而协同失调就会造成过多的内耗,不可能聚焦释放作战效能。打赢智能化战争,需要把强化作战计算作为提高作战指挥能力的重点,着力提升算的能力、改进算的模式,使精算深算细算成为各级指挥员的自觉行动,引导指挥员在指挥作战中学会用数据决策,确保在未来战场上做到"胸中有数"谋胜算。在计划组织作战时,熟记各类战役战术数据和技术参数,掌握作战能力、作战时间、作战空间计算的内容和方法,通过精确计算投入兵力、使用火力、弹种弹量,确保部队作战机动精确到点、兵力编组精确到单元、弹药消耗精确到发、协同作战时间精确到秒。

就智能化战争而言,作战计算日益复杂、繁重,同时,复杂多样的战场信息传感器遍布陆、海、空、天、网、电等空间,各类情报侦察与监视预警信息呈爆炸式增长,由此产生的海量数据信息超出了传统情报分析和作战计算范围。随着战争形态向智能化演进发展,云环境成为智能化作战体系的基本支撑,在战时,通过统一的标准协议、共享机制,可以形成多维覆盖、网络无缝链接的云信息环境。这种云环境以泛在网为物理架构,以大数据为"血脉",以云计算为主要信息处理方式,数据是其运行的基本支撑,数据化分析是发现敌作战体系弱点的重要途径。在这种条件下,传统计算手段根本无法满足作战计算需要,大数据技术和资源为作战计算提供了全新手段和有力支撑。在战时,可以运用关联、分类、聚类、模式识别等大数据处理方式,对敌我双方的人员、装备、物资、打击目标、行动状态等,进行整体性关联分析,准确把握其运行内在规律和发展变化的深层次原因;结合具体的任务目标、战场环境,对比分析敌我双方的兵力、武器装备的数量和质量,可以精确兵力运用规模、编组;基于大数据的仿真推演,可精确计算不同作战时节的打击目标、打击顺序,为区分任务边界、建立协同关系提供数据支撑。这种基于大数据资源的统计分析、可视化展示,以及大数据挖掘的发展和运用,不仅可以在作战筹划中深算细算,而且可以准确预测战局发展,以利于掌握先机。

可以说,在未来战场上,计算力就是战斗力,作战计算能力成为敌对双方争夺的重要领域。俄乌冲突中 AI 人脸识别打击,就是侦察监视系统、无人机在发现和识别目标后,将目标信息和坐标放在整个作战网络,进行共享,所有情报都通过大数据系统进行算法分析,最后在人工智能系统协助下找到最佳解决方案,确定使用哪支部队、哪种武器来消灭被定位的目标,在打击后,无人机还要对毁伤效果进行拍摄,评估打击效果。

三、"算力+算法"掌控 OODA 优势

当前,计算力作为数字经济时代的关键生产力要素,成为挖掘数据要素价值,推动数字经济发展的核心支撑力和驱动力。清华大学全球产业研究院、浪潮信息和国际数据公司联合推出的《2021—2022 全球计算力指数评估报告》指出,国家计算力指数与 GDP 走势呈正相关关系,15 个重点国家的计算力指数平均每提高 1 点,国家的数字经济和 GDP 将分别增长 3.5% 和 1.8%。中科院计算技术研究所原所长张云泉认为,随着"东数西算"工程的实施,未来用户只需要像购买电力一样付费,就能获得无处不在、方便易用的算力服务。算力对经济的影响规律,同样适用于军事领域,特别是深刻影响着信息化战场上的情况判断。

未来作战是大量运用智慧兵器,作战编组以"人—机"混合为主,有人和无人作战系统深度交互实施的作战。在战场上,分散部署在陆、海、空、天、网、电等各维空间的智慧兵器处于敌我对抗前沿,能围绕统一的作战企图实施自主作战,作战人员主要在后方实施筹划决策和指挥控制,作战编组"人—机"混合,人机交互决定作战体系效能的发挥。基于人—机协同的多样式、多力量的对抗,对指挥员决策的时效性、准确性、灵敏性提出了更高要求,洞察和利用敌作战体系弱点,越来越不是人力所能及的,越来越多地需要依靠先进算力来实现。据美国《超级计算评论》杂志披露,1990 年伊拉克点燃了科威特的数百口油井,五角大楼利用流体力学建立热量传递模型,

把海湾地区以及伊朗南部、印度和巴基斯坦北部等广阔地域纳入评估范围，经过计算机仿真确信"不会造成全球性的气候变化"，最终定下出兵决心。此外，在全维一体的多要素体系对抗中，速度与同步是掌握作战主动的关键，谁要掌握主导优势，就必须在更大的范围，以更快的速度发现、创造、保持和利用即时优势窗口，并快速聚合资源和效能，对敌薄弱环节进行聚优打击。

实际上，建立即时优势窗口的前提条件是通过情报、监视和侦察，实时获取和掌握战场的各种情报信息，并快速关联分析，形成统一的数据信息产品。传统的人工数据分析难以应付实时传输、多方来源、体量庞大的数据信息。然而，随着高性能计算机、机器学习、大数据和云计算等技术的发展，深度学习、小样本学习、知识图谱、大数据耕耘与挖掘、区块链、博弈推理等技术手段不断涌现，可以更好地对各种作战大数据进行挖掘，提升识别、分类或预测的准确性，以得到更准确、更深层次的知识和更强大的认知能力，这本质上就是基于"数据+算力+算法"的认知和分析模式。这种基于"数据+算力+算法"的认知和分析模式，主要依靠海量数据和科学建模分析，通过大数据去发现客观世界的内在规律。这种认知和分析的优势在于由经验说话转变为依靠数据和模型说话，不仅能为战场决策提供及时高效的支持，而且通过实时战场的反馈算法，指挥决策也能不断得到修正更新。作战计算经过人工计算、计算机辅助计算阶段，进入人工干预的自动计算新阶段，直接决定着 OODA 优势的获取。

就未来智能化战争而言，制胜的关键在于在快速处理、学习理解和深度分析海量数据的基础上，实现整个侦察、判断、决策和行动（OODA）作战指挥链路自主化，可以说，数据是获取战场态势、开展科学决策、实施高效打击的基础支撑。在智能化战争中，更需要运用标准化分析算法，支持各种数据资源运用，建立大数据自主分析系统，实现对目标的高效探测、分类和预警，运用先进的机器学习、深度学习和视觉算法等先进算法，计算敌方兵力规模、编成、战法运用等，研判敌方作战企图，用以辅助指挥决策。20 世纪 80 年代以来，美国国家航空航天局、美国国防部高级研究计划局相继资助与神经网络计算相关的项目，其中包括计算机芯片"真北"的研制项目。该芯片采用了类脑神经网络设计，能够实现快速运算、通信、存储，在图像识别与综合感官处理等复杂功能方面的效率远高于传统计算机芯片。运用了算法的"类脑"计算系统会在未来战争中为指挥员选择战争时机、计算战争规模、预测战争持续时间、谋划战争布局等方面发挥重要作用。

"算法"成为未来战争对抗双方角逐决策和行动优势的新高地，"算法战"也成为"数中有术"的最新体现。2017年4月,美国国防部正式提出"算法战"概念,决定组建算法战跨职能小组(AWCFT),以推动人工智能、大数据及机器学习等"战争算法"关键技术的研究。美军这一看似突然的举措实际上有其深刻的时代动因,虽然美军已经加强了人工智能、大数据及深度学习研究,但需要在整个国防部范围内更快、更多地开展工作,以利用关键技术获得优势。算法战跨职能小组(AWCFT)的首个任务就是部署技术,使战术无人机及空中全动态视频的处理、开发和传播,实质性提高或实现自动化,支持反恐作战。

在大数据和人工智能的支撑下,传统的人脑"算计"演变为基于技术的"算法战"。在海量数据和超算能力支持下,人工智能的诊断和预测结果更加准确。埃森哲咨询公司的研究显示,机器学习能够更准确地预测库存水平,可使交货时间提高4.25倍,供应链效率提高2.6倍。伦敦帝国理工学院开发的智能医疗软件,诊断肺动脉高压的准确率为80%,比心脏病学家的平均水平高出20%。同时,人工智能运算速度快,可昼夜不停地运行,学习和工作效率远超人类,可大大节省时间和人力成本。美国摩根大通开发的一款智能金融合同解析软件,可在几秒钟内完成律师和贷款人员需要36万小时才能完成的工作。此外,与人类认知模式不同,人工智能软件掌握的知识可在不同系统间迅速复制转移。国外有分析表明,一个熟练的作战参谋借助计算器可完成精确到百位的估算和快到分钟级的心算,而算法设计可以精确到个位和纳秒级的计算机精算,算法验证还能在1分钟内自动筛选最佳战法。可以预见,创新运用算法战,将在智能决策、指挥协同、情报分析、战法验证以及电磁网络攻防等关键作战领域发挥重要作用,从而大幅度缩短观察、判断、决策、行动环(OODA)的反应时间,甚至扰乱敌OODA链路,获取作战主动权。美军认为,未来战争将极大依赖算法来加快作战节奏,缩短作战周期,实现任务再规划,交战双方的算法水平将成为战场上的决定性因素之一。

第四节 大数据+专家系统:"云脑"指挥的必要条件

大数据技术手段的运用不仅提供了新的辅助决策、协调控制手段,而且改变了指令信息传输的方式,全方位影响了作战指挥的内外环境。特别是大数据与智能化的专家系统结合,使得人—机交互成为指挥的新模式,从而实现精确决策、精确筹划和精确控制部队行动。冷兵器战争、热兵器战争的作战指挥主要通过人脑完成,是人脑指挥;机械化战争、信息化战争的作战指挥需要电脑为指挥员提供各种辅助,是人脑与电脑结合的指挥;在未来战场上,作战指挥是人脑和电脑的思维范式,必须通过人脑、专家系统和云计算融合实施,是"云脑"指挥,真正实现精确指挥。

一、大数据孕育大数据指挥思维

指挥思维是指挥员对指挥问题进行认识和思考的方式,包括认识的过程和思考的方法。指挥员思维方式决定着指挥员组织筹划作战、运用力量和协调控制部队的方式。指挥员的思维模式直接决定着力量布势和战法运用水平,影响着战场主动权的获取乃至胜利。可以说,指挥员处在低位的"思维差"比"装备差"更致命。指挥员应根据时代的发展、战争形态和指挥实践的变化,形成具有时代特点的思维方式。当前,大数据影响着作战体系运行和战争制胜,指挥员必须基于大数据认识和思考作战决策、部队调控等问题,培养和完善大数据指挥思维方式。

(一)大数据对指挥思维的影响

在作战指挥过程中,指挥员的认知不仅受有形的陆、海、空、天,以及无形的网络、电磁空间各种行动的共同触动,而且受政治、经济、外交、军事等领域共同组成的复杂环境的影响。在小数据背景下,由于技术条件的限制,人们习惯以局部抽样调查的方式收集数据,要求所收集的每一条数据精准无误,进而整理分析得出对一件事情的因果结论。这也是指挥员战时运用作战数据的主要方式。当指挥机关将战场各个局部情况的数据以数据表格或简报的形式报告给指挥员时,指挥员基于这些零散数据展开思考并筹划活动,分析各作战行动的效果,加上自己以往经验留下的因果推理模式,设想和判定战局的下一步发展,进而定下作战决心。这种思维方式的数据基础是关于战场的抽样数据,方法论基础是认定战争系统为可分解还原、符合因果推演,通过各参战单元作战行动效果的线性叠加达成预期作战目的。这种基于小数据的思维方式存在不可回避的问题,即战时指挥员很难掌握所需的各种作战数据,通常面临战场情况和敌方情报数据匮乏的状况,不得不根据个人经验进行概略指挥。

在大数据背景下筹划军事行动,需要在行动前尽可能收集全球政治、经济、社会和敌国地区的情报数据,从政治、社会、经济、军事等多维角度筹划总体意图;在筹划作战时借助数据挖掘系统,动态分析敌国政治、军事、经济、外交情报和预定战区环境数据,利用智能分析得出的各类情况关联结论支撑作战方案计划的制订;在作战过程中,需要关注全球政治、经济、军事和外交情况的数据变化,适时调整联合作战行动企图和进程。在战时,各种记录现实敌情、我情和战场环境的数据快速流转,指挥员需要运用多学科知识,从多学科角度分析经济、政治、文化、科技、地理等数据信息的影响和作用,运用军事学方法研究敌体制编制、作战力量、作战方法、军事训练等数据信息,还要运用社会学方法研究经济运行、政治体制等对作战的深层次影响,从社会矛盾中寻找军事上可利用的"窗口"。在数据运用方面,人们的思维方式发生了重大变革,这种思维的变化必然深刻影响指挥员的思维方式。

(二)大数据指挥思维基于数据认知

传统作战指挥由于受技术条件限制,很难破除"战争迷雾"的干扰和影响,主要是一种概略的研判情况、决策和调控,过于依赖指挥人员的主观经验,精细化、准确度不高。大数据指挥思维主要是基于大数据进行分析、研判和推导、实验、计算的数据挖掘方法,重视总体甚过抽样,重视关联关系甚过因果关系,可以允许一定程度的混杂而不要求全部精确,不但在微观的数据分析层面,而且在宏观的方法论层面,以大数据为支点,打破了社会科学与自然科学的思维壁垒,将"数据运用"作为作战指挥的基本要点。从深层看,大数据技术出现后,改变了传统数据之间的联系方式,以及数据运用的特点。大数据指挥思维不再是对事物进行抽样调查,而是收集该事物的总体数据,便于从整体上认识事物;不再是重点考察数据间的因果关系,而是更关注数据间的相关关系,便于分析相关因素的联系及运行中的相互影响;不再要求收集到的数据非常精确,而对所收集数据有了较强的容错能力;不再仅仅依靠人来分析数据,而是更多地依靠在人少量参与的情况下,自动化系统完成海量数据处理,大幅提高数据信息处理的速度和准确性。

大数据指挥思维在认知战争、筹划作战、调控行动等环节,都存在全新的谋划、分析和辅助方式,具体表现在三个方面:一是总体谋划,即改变小数据背景下从考察局部进而推导全局的样本思维,而是依靠海量大数据全方位支撑,从全局角度全面、系统地分析作战全局,对其不同构成进行解剖分析,从而对联合作战进行总体筹划;二是关联分析,即改变小数据背景下过度关注各种要素因果关系而形成的因果思维,转而依据大数据分析得出的关联和相互影响关系,从中寻找和发现各种作战要素、系统和单元之间的相互影响,依此组织部队行动;三是智能支撑,即改变小数据背景下主要依靠指挥员经验筹划决策的思维方式,转而倚重基于大数据支撑的决策、计划、控制和协调部队行动。

(三)大数据指挥思维特征是精确化

大数据指挥思维本质上是从数据获取、传输、处理等自然科学角度来思考指挥问题。从数据运用过程看,大数据指挥思维不过于要求每条数据的准确性,而是注重对海量数据进行挖掘,分析判断数据背后蕴含的价值。在作战指挥态势认知、谋划决策和协调控制中,大数据指挥思维重点关注三个问题:一是通过数据实现对过去和现状的关联和把握,通过对作战前期过程和现状相关大数据的处理和可视化来呈现当前的作战态势;二是发现联系并作出预测,联系通常包括因果联系和相关联系,大数据指挥思维注重发现和利用作战要素的关联联系,通过大数据分析挖掘,寻找作战全要素全流程大数据的隐含内在关联,依据关联模式预测敌行动企图和作战进程;三是基于预测来定下决心及优化行动。根据数据预测结果对己方作战决心进行优化,进而调整优化己方部队的行动。在作战指挥过程中,这三个数据运用环节环环相扣,往复循环,形成一个闭合的"数据运用"指挥流程。通过数据分析、定下决心、优化方案计划,用大数据支撑思维活动,弥补指挥员的经验不足,使得大数据指挥思维具有更强的精确性、时效性,这也是实施精确指挥的关键所在。

二、大数据辅助高效指挥控制

在未来作战中,"人—机"交互成为指挥员及其参谋机构实施作战指挥的新模式,必须靠网络物理链接,靠数据传输耦合,靠数据运用支撑。大数据运用贯穿作战指挥全过程,分析和判断敌情、定下作战决心、协调控制都离不开大数据的有力支撑。美国国防部发布的《2013—2017年科学技术投资优先项目》中,将"从数据到决策"(Data to Decisions)项目排在第一位,目的在于通过大数据技术减少数据分析、处理和利用的周期与人力规模,实现从"数据优势"到"信息优势"到"决策优势"的转换,这充分凸显了大数据对作战指挥的巨大影响。

(一)大数据满足指挥决策信息需求

当前,商业、经济等领域的决策行动,逐渐由基于经验和小数据的统计向基于大数据的分析转变。在军事领域,指挥决策具有自身特点,特别是敌对双方的高对抗性,是其他领域所不具备的,但决策的深层次规律是相同的,同样需要大数据的全方位支撑。联合作战是复杂巨系统对抗,要在瞬息万变的态势中做到快速辨别真伪、快速做出决策、快速展开行动,必须拥有大量可靠的敌情、我情、战场环境数据,及时掌握敌行动企图和作战部署,以及己方作战部署、作战能力、战场各种不利和有利条件等,这样才能揭开战争迷雾。在战时，越来越多的人员从事数据搜集、分析，为指挥决策和部队行动提供支撑。在海湾战争期间，因情报数据量剧增，美国的情报分析人员由初期的 1 400 人增至后期近 4 000 人。

在小数据背景下，很难实现精确指挥决策。在小数据背景下，平时存储的数据资源涉及的范围窄、数量规模小，战时数据的获取和处理能力有限，由于数据数量有限，缺乏覆盖战场全时空的海量数据支撑，难以为指挥员提供全面、准确的数据保障。在大数据背景下，作战指挥通过人脑、专家系统和云计算融合实施，是"云脑"指挥，大数据资源和技术的运用，直接决定着指挥效率。首先，利用人—机一体的大数据分析处理系统，可为指挥决策提供实时态势信息，有利于指挥员准确把握战场不同点位的实情。大数据挖掘面向应用，可对数据进行统计、分析、综合和推理，利用已有数据预测未来活动，实现数据运用直接服务于指挥决策。其次，大数据技术可实时"扫描"敌作战布势全貌，特别是其中涵盖敌作战体系的构成、关键要素、各种关联关系的数据信息，对这些数据关联分析和相互印证，从中快速捕捉敌行动企图、作战布势等情况的变化，从而避免数据不足导致的情况误判。再次，大数据存储技术颠覆了传统数据储存方式，一旦其应用于战场网络设施之上，存储数据信息主要通过"云存储"的方式，战场多元数据就可以实时聚集到"云端"。指挥员可根据实时的作战需要，在广阔战场的任何点位，通过战场上任何联网的装置连接到"云端"进行数据存取，实时调取所需数据，甚至是能适应特殊需求的数据产品，在此基础上进行快速分析，运用效率空前提高。最后，智能化专家系统依靠动态更新的海量数据自我学习，实现人脑和"云脑"在分析和判断敌情、定下决心、协调控制中的实时交互、优势互补。

在战时，必须按照统一的规范和流程，及时而充分地获取和收集反映敌情、我情和战场环境的数据；善于利用遍布空中、陆地、海上、水下、太空的各种侦测平台、传感器，不断地获取战场态势的数据信息，并对海量数据信息进行智能化分析、处理，实时融合成标准化态势图，便于指挥员更直观、准确地了解战场态势，正确、及时地判断和掌握实时态势。在作战过程中，由各类数据融合而成的战场综合态势图，是指挥员定下决心的直接依据；各种数据支撑辅助决策系统，是辅助指挥员快速、准确定下决心的重要保证。在大数据背景下，拥有足够大的数据规模，大数据技术不仅能高效处理传统数据，而且可以通过图像识别、语音识别、自然语言分析等技术计算、分析大量非结构化数据。运用大数据技术对海量实时的战场态势数据进行全面分析，对很多看似无关的数据进行关联分析，自动得出有关联合作战内在关联的结论，从而获取对敌态势的准确判断，辅助指挥员做出更为科学合理的决策。例如,在机场等公共场合的个人身份检查,过去主要依靠身份数据判断,现在通过人脸识别、语音识别等技术,大数据可以直接通过摄像快速比对审核,增加对个人申报判断的维度,既精确又高效。在战时,充分利用大数据技术,打通前端联侦—后端融合的数据链路,实现数据按需求、按权限智能化分发,为指挥员提供多样化、深层次的数据服务。指挥员通过对态势数据聚类分析,就可以发现敌方的弱点;对态势数据的预测分析,就可以预测战场发展趋势。这样,在指挥决策过程中,指挥人员在主观经验之外,可利用大数据较为准确地预测战局发展趋势,并进而采取针对性的方案措施,将极大提高指挥决策的准确性、适时性。

(二)大数据有力保障指挥决策时效性

指挥决策时效性取决于指挥员从了解情况、研判分析、形成决策所消耗的时间,即指挥周期的长短。在这一链路中,数据量、分析处理、流转速度都对决策指令的形成产生制约。指挥信息的处理和利用效率直接决定着决策的时效性。在智能化战争中,指挥员需要分析的敌情、我情和战场环境数据量越来越大,数据来源更加广泛,缩短数据分析时间成为缩短指挥周期的关键所在。

传统数据技术难以实现指挥信息的高效处理和利用。传统的以人工为主的数据处理方式效率低,不能为指挥员提供实时的态势数据,导致决策过程的时间长。在信息化战场上,单独依靠人工已无法较大幅度地提升数据分析处理能力。在阿富汗战争中,美军分布于太空、空中和地面的立体多维情报侦察监视系统,24小时连续监视恐怖分子行踪,众多侦察监视平台产生的数据,一天就达53 TB,数据海洋给指挥员带来了更多的"战争迷雾",大大降低了指挥时效性。美军紧急调动了数千名数据分析人员进行数据分析,即便这样,也经常因情报数据分析缓慢而贻误战机。美军战略司令部司令认为,不断增长的数据收集能力和有限的数据处理能力之间的"鸿沟"正在扩大。

大数据技术空前提高了指挥信息的分析效率。大数据分析技术及其运用,不仅能大幅提高数据分析处理的速度,而且还能对多元数据信息进行综合处理。利用大数据所具备的战场情报融合功能,配合资深情报人员形成人—机一体的大数据情报分析处理系统,有望以比当前数据处理速度快100倍的能力,来分析处理各类情报侦察监视系统收集的情报数据。大数据快速处理的特点有助于提高指挥决策的速度与精度。如美军利用大数据技术为基础,构建了后勤保障大数据,通过大数据分析挖掘,可预判什么武器装备、哪个零件使用多久会出故障,并在零部件出现故障前发出预警,并提供拆除、修理和更换的方案。美国国防部大数据应用重点项目——"从数据到决策"项目,旨在通过构建快速准确分析数据的算法模型,将海量数据进行实时、自主关联和整合、认知,挖掘出有关目标威胁、航迹跟踪、火力打击等重要的情报信息,并提供面向任务可理解的决策,使军队中的情报分析人员和指挥官能够以极快的速度理解和掌握战场态势。此外,利用分析软件将新收集到的战场数据与原有数据组合进行实时关联分析,能够很快找到作战态势的突变处以及态势发展变化的轨迹或趋势。美军已经开始了这方面的实践运用,据报道,当阿富汗境内的大毒枭为恐怖分子提供购买军火的资金时,美军能够借助大数据分析的数据创新,很快捕捉到恐怖分子的资金变化,预测其可能的下步行动,为美军先机制敌提供快速决策支持,极大提高了美军指挥的时效性。

大数据与网络的深度融合极大地提升了数据传输速度。网络使语音、文字、图像、数据等各种数据传递进入不受时空羁绊的快车道,空前提高了数据传输的时间,为准确指挥决策提供了可靠的数据保障。大数据借助网络穿透空间,克服了传统空间范围和战场环境对数据传输的影响。各种数据信息直接或经过数据融合形成情报后,实时呈现在指挥所的荧屏上,指挥员通过战场态势图将各种情况尽收眼底,增强了指挥员的实时感知能力。此外,数据在网络中以高于利用普通通信工具传输千倍的速率传输,指挥员从数据获取到采取行动的时间过程可缩短至几分、几秒,时间差急剧缩减,为实时指挥决策提供了可能。

(三)大数据极大地提高了指挥决策的准确性

毛泽东说过,指挥员的正确的部署来源于正确的决心,正确的决心来源于正确的判断,正确的判断来源于周到的和必要的侦察,和对于各种侦察材料的连贯起来的思索。准确指挥决策的前提是战场态势明,最核心的就是全面掌握敌情、我情、战场环境等情况。敌情明,可以找准敌人弱点和要害,预先营造有利态势,巧妙使用作战力量,对敌实施集中、突然、高效打击,或针对性地组织防御行动;我情明,可以恰当使用作战资源,充分发挥兵力兵器的优势特长,实现作战效益的最大化;战场环境明,可以最大限度地利用社会、自然等各种战场条件,趋利避害,使自己始终处于更有利的主动地位。

数据是影响指挥决策准确性的重要因素。战场态势明,需要各种数据支撑来实现。在战场上,数据无处不在、真假并存,正确反映战场态势的结构性、有序性和关联性的数据信息,有利于指挥员判断分析情况、定下正确的决心。相反,错误的数据信息不仅对指挥决策没有作用,而且会干扰指挥员的判断分析。在马陵之战中,庞涓正是被孙膑"减灶"的有关数据干扰,出现判断错误,最终战败。另外,在信息化战争中,数据信息量空前增加,大量未经过整编处理和有序组织的数据信息,必然对指挥员的思维产生"冲击"和"干扰",严重影响其正确认识战场态势、定下决心;同时,真实、客观、准确反映敌情、我情和战场环境的数据,以及其数量的增加,能赋予指挥员瞬时感知和掌控广域全维战场空间的能力,使以往难以想象的实时感知、全域指挥、精确控制、自主协同变成现实,极大地扩展、丰富和延伸了指挥员的"智能"。

在小数据背景下,指挥员主要依靠随机抽样调查数据,不得不根据有限的数据信息,基于经验进行决策。这样一来,情况研判结论受样本数据的随机性,以及情报人员的分析能力、主观认知、个人经验等限制影响,容易出现以偏概全的现象;凭经验确定的作战任务、行动目标都非常概略,通常只能对主要作战方向选择、作战阶段区分、兵力部署等进行分析比较,必然造成决策方案精确性不足。由于战争系统极其复杂,加之受数据不足等因素的制约,经常存在数据不准、情况不明的现象,从而极大地影响了分析、判断和决策的准确性,甚至导致严重的判断与决策失误。因此,克劳塞维茨深刻地指出,战争无论就其客观性质来看,还是就其主观性质来看,都近似"赌博"。

大数据可辅助指挥员准确把握战场态势。在大数据背景下,各种渠道汇集的大数据能够为指挥员提供更翔实、更准确的信息,便于指挥员准确把握战场不同点位的实时态势。此外,大数据在辅助指挥决策方面还具有独到的优势,突出表现在能够从大量模糊的、不精准的数据中挖掘出认知规律;通过对同一目标或某一行动的态势数据的统计分析,可以发现该目标或该行动的形成和变化规律;通过对海量态势数据的关联分析,可以发现不同或不相关目标、行动之间的关联和作用,从而找准战场态势的演变发展规律;运用大数据分析敌作战体系的构成、关键要素和单元、各种关联关系,可以判断出敌作战体系的运行规律、关键节点以及薄弱环节等;利用大数据可视化技术,指挥人员可掌握实时战场态势,能够更精细筹划下一步作战行动。这样一来,通过对海量数据进行分析和智能化处理,以及关联的数据信息分析和各类数据相互印证,评估相关数据的变化,以及其对作战进程和结局的影响,就能捕捉敌行动企图以及敌我对抗态势的变化,可以在很大程度上避免以往数据不足导致的误判情况,从而大幅提升指挥员的战场认知和筹划决策能力。

此外,军事大数据应用还体现在指控知识发现、指挥规则自主学习、指挥筹划计划与作战任务的关联分析等方面,已逐步对实时战场态势、作战体系等大数据进行比较、分析、推理,能够部分提供自主化态势评估、目标选择、计划生成、方案评估等处理能力,提升指挥决策的合理性和科学性。

(四)大数据全方位支撑作战方案的制订

传统作战方案的制订主要依靠经验,而且在作战推进过程中,指挥员无法根据实时战场态势变化,做到对作战方案的及时修改。在大数据背景下,不仅可以为作战方案的制订提供精准的数据支撑,而且可以利用大数据技术,提高数据运算能力,使得作战方案从设计、制订到调整修订更加及时,甚至可以在指挥人员的少量参与下,基于大数据分析"自动"生成作战方案,而且方案的针对性、适应性更强。

大数据技术贯穿作战方案制订和调整修订全程,主要发挥以下作用。一是利用大数据技术来精确制订作战方案。通过大数据的分析与应用,在数据层面上对战场态势变化情况进行精确、有序、到位、及时的分析,使方案制订人员能按需获取相关作战数据集以支撑决策,确保作战方向选择、作战阶段区分、兵力部署等,更能适应战场实时态势,使得作战方案的制订更加精确。二是利用大数据技术支撑方案验证。通过加载了大数据的作战模拟系统,构建涵盖作战体系、作战任务、战场实时态势、装备性能、指控关系、作战保障能力、情报能力的模拟评估视图,运用敌情、我情、战场环境以及政治、经济、外交等多种海量数据,设计敌我对抗的逼真场景,对作战方案进行全方位检验评估,评估作战方案的合理性和可行性,发现存在的问题,为进一步修改完善作战方案提供依据,结合作战目标、战场态势及可能发展,对作战方案进行调整和修订。三是利用大数据技术来辅助指挥员理解方案。结合不同的作战背景,运用大数据关联分析技术,建立不同任务间及任务内部不同阶段的关联关系,形成完整的作战任务、指挥控制的关系网络,从而对作战方案进行多维度、可重复的推演,分析不同方案的细微差别、利弊、可操作性等,便于指挥员更好地理解和熟悉作战方案。四是利用大数据关联分析吸取其他作战方案经验。借助大数据技术对其他作战方案进行研究分析,结合智能算法,分析实时作战行动与以往作战的相似度、关联度,对比提取有用的经验数据,根据实际作战任务和条件,对作战方案进行实时调整修订。

(五)大数据高效服务于实时精准控制

指挥员精准高效地调控部队行动,必须拥有及时可靠的各种动态数据,掌握实时战场态势,准确预测战局的发展。在小数据背景下,由于对战场态势数据的搜集不够全面、及时、有效,也无法实现实时战场情报数据的在线分析,面对瞬息万变的战场态势,很难对作战效果进行精确评估,难以为指挥员灵活调控部队提供实时数据依据,指挥员只能给出部队调控的原则性指令,无法对部队行动和武器平台进行精确控制协调。利用大数据分析技术手段,分析战场态势的发展变化,为指挥员预测战局发展提供可靠手段,指挥员可以为不同的任务部队提供精确的任务和行动目标,控制部队按统一企图协调行动。如要求特种部队在空军支援下于几时几分在什么地点袭击敌机动指挥所。通过整合分析历史作战数据、平时演训数据和当前敌方行动数据,基于实时战场态势数据信息,指挥员及其参谋机构可以实时掌控战场态势,预测战局发展,重新进行兵力计算,赋予部队新的作战任务。美军强大的指挥控制能力,正是以其先进的数据采集和运用为基础支撑的。在战场控制方面,美军要求战场数据网每小时能传输 2 000 个目标数据,提供 500 个打击目标数据;10 秒内将特定的目标数据和己方部队的配置数据传输给 10 万千米范围内的用户。同时用户的反馈数据能及时传输到指挥机构,确保指挥决策更加准确可靠。

战时在大数据技术支撑下,不间断监控和处理战场数据,在云服务支持下,与作战基础数据进行比对,运用指挥模型、相关数理模型推演和计算,指挥员便可对战场态势及任务需求了然于胸,就能对任务部队的行动进行近实时指控。在具体指控过程中,依托网络的数据共享机制和指挥信息系统,使作战行动各个环节围绕统一作战的目标,在时域、空域、频域上协调一致行动,实现对任务部队的实时控制。运用大数据技术,可以快速挖掘分散部署的任务部队之间的联动关系,基于大数据设计各种作战力量的投入时机、作战时序、打击方式,形成"组合拳",相互配合、以强补弱,在决定性的作战时间、作战空间达成综合优势。大数据技术与网络信息系统使战场空间内的作战部队实现数据关联;各级指挥员为实现预期作战目的,通过对战场数据的分析处理,准确掌握战场目标的相关数据信息,根据战场态势的发展变化,赋予部队相应的作战任务,通过传达指挥员的数据指令对部队行动进行控制,使部队依据指令展开各类攻防行动,实现对部队作战行动的精确控制。此外,综合运用大数据、自主控制技术,可以实现人对无人作战系统的控制,实现有人/无人平台的无缝配合与群体协同作战。

三、专家系统支撑"人—机"交互

专家系统在智能化和可视化技术的支持下,凭借各种新技术数据,及时、准确地分析判断态势,辅助指挥员进行决策,并将决策过程中的数据、知识、技术等直观地显现在面前,协助指挥员对参战部队行动实施精确的协调控制。

(一)延伸人的指挥功能

随着神经网络计算机、光计算机、生物计算机等新概念计算机的出现和应用,在语音识别和文字、图形识别等智能技术的支持下,指挥信息系统人—机接口高度智能化,指挥艺术和军事谋略深度融入智能化专家系统之中。与人脑相比,专家系统在某些特定领域具有很大优势,是不折不扣的"超级大脑"。比如,拥有海量数据,具备超强计算能力,善于自我学习,并且不受时空、体力与情感影响等。这些优势突出表现为基于神经网络等深度学习算法,可对海量数据进行智能化分析,大幅提升情报分析效率;利用大数据与超强计算力,建立作战模型,模拟作战过程,评估并优选作战方案;发挥不知疲倦与绝对理性的特点,弥补指挥员生理、心理上的短板缺陷,为指挥员快速提供决策建议,提升决策速度,缩短己方指挥周期等。根据有关资料,"阿尔法狗"预装了15万职业棋手、上百万业余棋手的棋谱,更可怕的是其每天还能自我对弈将近100万盘棋。可以说,这些庞大的棋谱数据成就了"阿尔法狗"的独孤求败。

在智能化战争中,在大数据的支撑下,专家系统通过信息网络与各级指挥机构、作战部队和数据化武器的智能终端深度融合交链,利用数据流整合贯通"战场感知—指挥决策—联合打击"链路,为作战人员认知战场实情、调控部队行动,提供了可靠的"数据"保证。在战时,在情报获取、辅助决策、动态控制等领域加强数据流转,数据传递由纵向流转向同步流转转变,实现了数据异地同步交互共享,解决了作战行动异步和协调困难的问题。指挥员可以准确感知和掌控全维战场空间态势,使以往难以想象的实时感知、全域指挥、精确控制、自主协同变成现实,指挥员可以依托数据掌握情况、基于数据调控部队行动,极大延伸了指挥员的分析、预判和指控能力,指挥艺术依托专家系统发挥出巨大作用。美军于2013年开展的"从数据到决策"项目,以面向任务的算法模型,聚焦目标威胁、航迹跟踪、火力打击等重要情报信息,进行实时关联分析,提供快捷、精准、可理解的辅助决策;通过多种途径融合海量数据信息后,整合感知、认知和分析等信息系统,产生一种智能化的自主辅助决策能力,为指挥员及其参谋人员提供精确决策建议,从而使从情报到决策再到控制的指挥周期得到极大优化。

(二) 实现人—机交互指挥

运用人—机接口、专家知识库、智能控制等系统,以及多学科知识库所支持的专家系统,可以实现作战过程中的人和专家系统的交互。智能专家系统综合运用智能算法、大数据、云计算等关键技术,空前突破指挥员分析能力的局限性,从而有效保证指挥员快速、准确地判断和预测战局发展,辅助指挥员备选作战方案、定下作战决心和调控部队行动。

在作战指挥过程中,指挥员可以将自己的思考和认识输入专家系统,利用专家系统进行验证分析,或者依靠专家系统解决指挥中遇到的各种问题;专家系统可以将系统分析结论实时提供给指挥员,为指挥员掌握实时态势、调整攻防策略提供数据支撑。通过友好的人—机交互,指令自动传递到相应的指挥对象,直接控制部队乃至单个武器平台的作战行动,单兵、单个武器平台可以通过自身的智能终端,领会指挥员的意图,并高效地执行指挥员的命令。

(三) 辅助实时精确调控

智能化战争的行动节奏快,战场空间广域多维,战场态势复杂多变,任务部队高度分散部署,指挥员对部队行动实施精确调控难度极大。在战时,大数据技术的应用能够为指挥员提供准确的态势信息,但在高度对抗环境下,指挥员对态势信息的运用仍然是一个难题。专家系统拥有各种智能化的分析处理终端,能够对各种态势信息进行再处理,形成其对战场态势发展的认识。因此,从某种程度上说,专家系统能够为指挥员提供任务区分、目标选择等建议,以供指挥员调控部队行动时参考。

在战时,智能化专家系统可在大数据实时支撑下,快速分析部队行动进展和效果,研判敌方企图、己方能力情况以及战场环境等各种利弊因素,预测战局发展对参战部队的任务和行动进行规划和调整,为指挥员调整作战企图、任务分配等,提供可靠分析结论。指挥员可参考专家系统的结论,进行必要的综合分析、研判,适时给出精准的调控指令,合理赋予部队新的任务,确保战局向有利的方向发展。例如,专家系统通过关联分析,整合分散态势,综合分析敌兵力部署,发现高价值时敏目标,提取其位置、属性等真实数据,确定下一步打击目标,为指挥员调整打击行动提供重要参考依据。

第五节 大数据+任务规划:跨域协同的"拱顶石"

在智能化战争中,战场空间拓展、作战力量高度分散部署,要想形成整体作战效能,陆、海、空、天、网、电等多维空间的任务部队,必须实施跨域协同作战。这种跨域协同是围绕统一的作战企图实施的"形散而神聚"的作战,统一的作战企图是跨域协同的基本依据,同时需要利用大数据形成实时战场态势,依托大数据驱动任务规划系统运行,打通不同空间任务部队跨域协同的链路,在统一的任务规划下自组织协同作战,如图4-2所示。

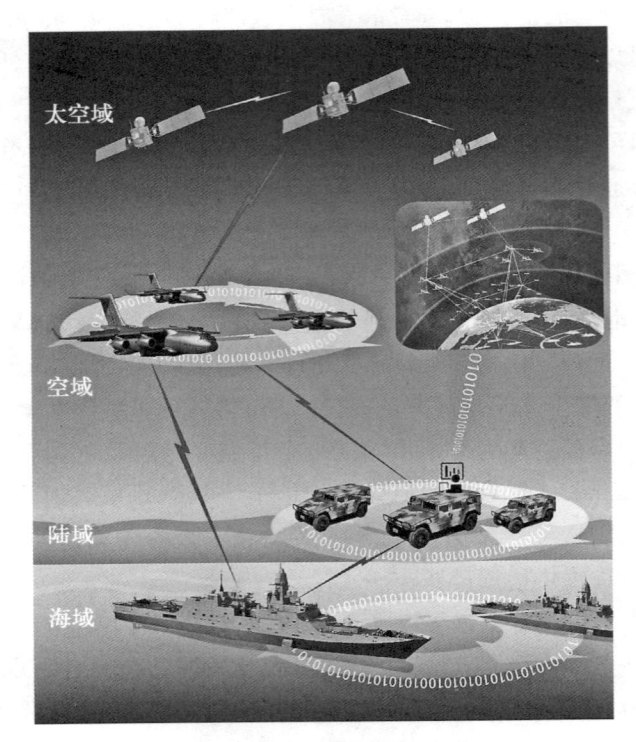

图 4-2 统一任务规划下自组织协同作战示意图

一、跨域协同依靠数据打通链路

在智能化战争中,跨域协同是实现体系对抗的基本路径。跨域协同作战强调不同作战空间的力量,在统一的作战企图和任务规划下,进行跨域支援与配合,实现对软硬打击、战场机动、综合保障等全过程、全方位的控制,实施立体同步、高度融合的整体作战,促使作战效能的整体跃升。在智能化战场上,作战协同空间广、纬度多,要求有很高的整体性和时效性,实现不同空间作战要素跨域协同,基础在于机制规则,手段在于硬件联通,核心在于数据共享。

在大数据背景下,通过统一处理、分布存储和集中管理陆、海、空、天、网、电等战场的敌情、我情、战场环境数据,形成时空基准统一、标准规范一致的战场态势数据库,同时建立完善指挥员与共享数据、数据与指挥链之间的对应机制,制定数据自动标识规则等,为实现数据共享创造条件。大数据在不同指挥层级、指挥要素和军兵种作战力量间的流动共享,达成相关指挥机构、军兵种部队对战场态势的共享感知、共性认识与共同理解,使指挥协调和作战协同在思想上更自觉、目标上更集中、行动上更精确、反应上更灵敏,形成"数据共享—协作同步"的联动机制,缩短获取作战数据、揭开战场迷雾、支撑正确决策、保障联合行动的循环周期;广域分散部署的单元,依靠智能信息系统及大数据的实时流转,围绕统一的作战企图进行自我控制和行动,自下而上地控制作战行动,逐级向上聚合效能;依据数据高效流转,达成指挥机构内部各要素间的协作同步,规避发文件、开会、打电话等沟通协调方式时间长、效率低的弊端。同时,利用大数据快速计算、动态配准、分层理解和横向验证等功能,合理确定不同作战力量的行动范围,合理区分时域、频域,划分作战区域和作战空间,设计开局时机、行动时序、打击方式、关联关系,便于各种作战力量形成整体作战优势。

由此可见,战时通过大数据流转和共享,分散部署在不同作战空间的作战部队,与其他作战单元交互认知,准确掌握战场实时态势,更好地理解当前任务和友邻行动,实现自下而上的自我同步和作战行动的协调,使其变得更加密切、科学。这样一来,处于不同空间的力量、平台,谁有利、谁发射、谁合适、谁主导,通过分散的自主式行动,实现作战效能的聚合。在伊拉克战争中,美军联合部队司令詹巴斯蒂亚尼上将曾说:"我们的联合部队犹如一支庞大的交响乐团,之所以能够主宰现代作战空间,是因为每个成员都看着同一张'乐谱'作战。"

二、跨域协同中自主行动依赖数据驱动

在智能化战争中,不同空间的任务部队既有共同的作战目标和任务,又有各自的任务区分,在跨域协同的同时,必然还要围绕统一的作战企图实施自主行动,完成上级赋予的作战任务。从深层次看,不同空间、不同任务部队行动的"聚焦",依靠数据在作战体系内的有序运行,取决于作战数据的集成共享,实现不同任务部队对战场态势的共同认识,以及对物质和能量释放的控制。跨域协同作战过程中,通过大数据技术运用及大数据有序流动,一方面,为分散部署的任务部队提供统一的态势信息,确保不同空间的作战力量能在统一的态势中发现战机,进而自主采取行动,创造和保持有利态势,聚焦统一的作战企图。另一方面,大数据流转高效控制"物质"运动和"能量"释放方式,确保分散的自主作战行动按需聚能。

在战时,通过数据广域共享,不同作战空间的作战单元、系统,实现有序运行,在关键节点、时节实现作战效能聚合、集中释放战力。首先,任务部队依据数据共享按需实施自主行动。在战时,运用大数据技术手段实时获取多维战场数据,形成实时的战场态势图,分散部署的任务部队能实时掌握己方作战力量分布、主战武器装备状况、当面之敌分布、战场环境影响等信息，根据作战的需要，以更准确的时间、更精确的兵力、更快捷的行动，对其他作战空间的任务部队提供支援。例如，在夺取制海权行动中，空中作战力量可根据战局发展需求，对敌海上编队实施空对海打击。其次，智能化武器系统依靠大数据自主行动。大数据使人的作战意图和装备的打击效能空前紧密相融，大数据通过与数据处理软件相结合、与武器系统集成和"嫁接"，赋予了智能化武器装备"智能"，使之具备自主感知、智能控制等功能。在战时，智能化武器平台可根据战场态势发展，实施一定程度的自主行动，提高"物质"使用效率和"能量"释放精度。最后，数据流转可优化自主打击行动。在大数据背景下，战场范围内的所有打击武器可通过网络有机互联，形成紧密融合的火力网，通过实时的数据流转，不同作战空间的有人、无人作战平台，可依据目标的抗打击程度，合理地选择最合适的火力武器，发挥各种火力的特长和应有的作战效能。据统计，美海军摧毁的目标有80%是飞行员在舰载机从航空母舰起飞后才确定的，主要原因在于空中和地面传感器的目标数据能以无缝隙方式，通过保密数据链路和话音链路传给战机，飞行员能够实时共享数据信息，调整作战计划，采取最及时、最有效的作战方式。

三、数据支撑跨域精确保障

在实施跨域协同作战过程中，分散部署在不同作战空间的任务部队，通常需要进行随机性跨域机动，对伴随式的技术保障、后勤与装备保障提出了更高要求。在小数据背景下，由于数据获取、传递和利用技术以及数据规模的限制，很难做到伴随式精确保障。在大数据背景下，可利用大数据技术快速获取、处理数据信息，不仅能为保障分队提供实时的保障需求，而且能为网络化保障系统提供实时数据支撑。此外，通过大数据的高效流通和处理，可有效融合部队各级、各种保障力量，以及地方相关的保障力量，可迅速协调军地、各军兵种以及各保障层次和各专业的关系，实现战略、战役、战术各级保障要素的一体联动；实现战略预置、前进保障基地、前伸机动保障力量等有机结合，形成三军一体、军民融合、平战结合、立体综合的作战保障体系，从全局上优化配置和使用保障资源。

此外，运用大数据技术手段，指挥员可不间断地掌握全部保障资源的动态变化，全程跟踪"人员流""装备流""物资流"，适时指挥和控制保障行动，真正实现让最近的保障力量以最佳的方式去为相应的作战力量实施保障，根据被保障对象的不同需求，在适宜的地点和时机，以最佳的数量和质量，快速及时地提供物资供应、伤员救护、装备维修和运输勤务等保障。保证一切装备物资严格按需要的量在需要的时间投入需要的地点,既充分保障了作战需要,也最大限度避免了"多余"装备物资前送而造成浪费。1991年海湾战争中,美军利用70多颗卫星、十几个地面站和其他通信手段组成一个网络,开设了一个"标准数据管理系统",还利用智能软件建立后勤数据中心,使数十万兵员的调动,数百亿美元的开支和枪支、弹药、配件以及其他各种军需物品顺利地运转流通,较好满足了联合作战的需要,但还是出现了后期物资丢失情况。2003年,在伊拉克战争中,美军利用物联网、射频识别(RFID)等技术,大大提高了物资保障的精准度。

通用动力公司的"信号之眼"解决方案是通过使用机器学习自动对信号进行分类,从而提供频谱状况感知。该电子战软件在战术上为操作人员提供及时、准确的RF电磁频谱威胁展示界面,并能够检测对手的行动趋势。

四、任务规划保证跨域协同行动聚焦

跨域协同的目的在于不同空间的作战力量协调行动,实现分散作战单元、系统围绕统一作战目标紧密配合、协调行动,按照战局发展需要释放作战效能。统一的作战企图是跨域协同的基本依据,但为实现分散作战力量的高效配合与支援,协调一致行动,必须对不同作战空间、不同任务部队的行动进行统一规划,通过统一的规划和任务,统一跨域部队的行动。作战任务规划需要通过对战场实时态势的分析判断,根据不同作战空间、任务部队的情况,把上级赋予的比较抽象、宏观的作战任务分解成若干具体的、明确的,且逻辑上相互关联的子任务/行动,在己方作战资源和作战环境的约束下,向所属部队分派作战任务,形成具体行动方案。行动方案是不同作战空间、任务部队协调作战,达成共同作战目标的重要依据,是现实和目标之间的桥梁,包括任务完成方法和策略、战场态势预测以及所需完成的子任务/行动序列等部分。每个子任务/行动都由明确的时间属性、空间属性、主体属性、客体属性和目标属性组成,分别回答该任务/行动在什么时间开始/结束,在哪儿实施,由谁完成,作用对象是谁,达到什么程度等问题。

在作战任务规划过程中,任务部队的不同任务和行动的确定,需要大量数据支撑。在小数据背景下,由于数据分析处理技术的不足,难以实时获取任务规划所需的各种数据,无法做到精算细算。在大数据背景下,在源源不断的海量实时态势数据的支撑下,指挥员及其参谋机构可以对不同空间作战力量的任务和行动,进行统一筹划和科学安排。还可以发挥大数据分析预测优势,准确预测战局发展,设计多种可能的发展进程和预期目标;对某一作战任务,可设计多组行动,形成多套行动方案,并对利弊风险进行评估。

这样一来,依据统一的作战任务规划,战场上分散部署的各种作战力量和单元,不仅可以围绕各自的作战任务组织自主行动,而且通过共享实时的作战数据,达成作战行动的协同联动,进而实现战力的综合集成,以协调一致的行动对敌作战体系关节点实施"聚焦"打击,通过体系对抗、集能聚效,发挥体系对抗优势。此外,以大数据和人工智能为主导的任务规划能空前提供作战任务规划的效率。例如,美军规划20分钟的空中作战行动,通常需要40—50人花费12小时完成,以大数据和人工智能支撑的自动作战规划系统只需要1小时。

第六节　大数据+泛在共享：效能中暗藏新挑战

从战争实践看,新技术的发展与运用从来都是"双刃剑",大数据技术同样如此。在未来战场上,大数据技术和资源成为联合作战体系构建和效能发挥的重要依托。同时,随着数据化的继续深入发展,各种新技术、新武器不断涌现,各级别的"系统集成"越来越复杂,获取数据的渠道越来越多,各种数据爆炸式增加,数据共享和利用面临各种新的安全挑战,可能成为敌方有效利用的弱点,带来战争制胜的诸多不确定因素。

一、海量数据利用困难

随着数据获取能力的提升,以及数据源的增加,海量数据处理不好,可能会带来新的"战争迷雾"。此外,大数据不进行集成运用,数据的价值和效益都将会大幅度降低。因此,指挥人员担心数据开放共享的风险太大。

（一）海量数据高效处理难

在智能化战场上,数据获取成为指挥决策、部队行动乃至打赢的决定性环节。为获取各种数据,需要将具备人工智能的情报侦察设备,分散部署在各个物理空间和部分虚拟空间,并对各种侦察获取手段进行科学合理的调配、运用,确保无死角地获取各种战场空间的数据信息。这种趋势在信息化战争的初级阶段就充分显示了出来。在海湾战争中,美军运用了大量情报力量,源源不断地实时获取战场态势信息,由于牢牢掌控了数据信息优势,伊拉克军队采取的任何行动都逃不过美军的侦察监视。当然,美军的情报信息的高效运用,是建立在其强大的数据处理能力之上的,如果不能快速、准确地处理各种数据信息,即使是即时保鲜的数据也不能发挥其应有的效用。

在未来智能化战场上,无人机、传感器等侦察手段更为广泛地运用,数据量大幅增加,数据信息获取能力将更加强大。有人估计,不远的将来,一个军作战区域内的数据源就将达到 10 万个以上。在战时,从不同渠道获得的海量数据真假共存,大量有用数据淹没在数据海洋里,仅仅依靠现有的数据技术,根本无法实时高效地分析和处理这些数据。

(二) 多源融合受制因素多

数据融合技术起源于军事领域,在军事上应用最早、范围最广,涉及作战各层次的检测、指挥、控制、通信和情报任务的各个方面。主要的应用是进行目标的探测、跟踪和识别,包括 C^4I 系统、自动识别武器、自主式运载制导、遥感、战场监视和自动威胁识别系统等。迄今为止,美、英、法、意、日、俄等国家已研制出了上百种军事数据融合系统,比较典型的有战术指挥控制(TCAC)、战场利用和目标截获系统(BETA)、炮兵情报数据融合(AIDD)等。在近几年发生的几次局部战争中,数据融合显示了强大的威力,特别是在海湾战争和科索沃战争中,多国部队的融合系统发挥了重要作用。

在信息化局部战争中,大数据融合更加地注重多源数据的实时融合。由于多传感器数据融合技术的发展,应用的领域也在不断扩大,多传感器融合技术已成功地应用于诸多的研究领域。多传感器数据融合作为一种可消除系统的不确定因素、提供准确的观测结果和综合数据的智能化数据处理技术,已在军事、工业监控、智能检测、机器人、图像分析、目标检测与跟踪、自动目标识别等领域获得普遍关注和广泛应用。

由于数据融合技术方兴未艾,几乎一切数据处理方法都可以应用于数据融合系统。随着传感器技术、数据处理技术、计算机技术、网络通信技术、人工智能技术、并行计算软件和硬件技术等相关技术的发展,尤其是人工智能技术的进步,新的、更有效的数据融合方法将不断推出,多传感器数据融合必将成为未来复杂工业系统智能检测与数据处理的重要技术,其应用领域将不断扩大。多传感器数据融合不是一门单一的技术,而是一门跨学科的综合理论和方法,并且是一个不很成熟的新研究领域,尚处在不断变化和发展过程中。

当前,战场海量大数据融合还存在不少技术问题:一是尚未建立统一的融合理论和有效广义融合模型及算法,二是对数据融合的具体方法的研究尚处于初步阶段;三是还没有很好解决融合系统中的容错性或鲁棒性问题;四是关联的二义性是数据融合中的主要障碍;五是数据融合系统的设计还存在许多实际问题。

(三) 集成运用环境要求高

随着网络技术的发展,传统的客户机/服务器的数据存储模式已经难以满足海量数据的存储和运用。大数据集成运用需要运用先进的数据处理、融合、分析和可视化等大数据技术体系,构建一体化的数据管理、分发、共享和利用环境,不仅对网络通信、储存备份、服务器集群等能力要求高,而且需要运用统一的元数据标准、数据格式等,对多源数据进行统一描述,实现不同部门、不同领域的数据协同建设、有效共享和互联融合。

此外,为适应大数据集成运用,大数据管理系统不仅要有较好的数据安全、数据辨伪、数据抗干扰等技术措施,而且必须具备较高的自动化水平,为大数据处理、传递和利用提供高水平的技术保障,尽可能减少各种因素对用户访问和使用数据的干扰。在实践中,需要运用基于云计算架构的分布式存储技术,利用网络将数据分布到不同的数据中心节点,实现分布数据容错和远程灾难恢复,增强海量数据的管理效率,大幅提高数据在集成运用中的可靠性。

二、泛在共享增加安全风险

在智能化战场上,分散部署的作战要素、单元依网广域、跨越互联,信息网络成为联合作战体系的"中枢"和作战数据传输、处理的主要场所。信息网络实现数据资源在产生、传递和利用过程中的增效,大幅度提高数据资源的利用效率。然而,利与弊总是相伴而行,数据的集中和数据量激增,以及信息网络技术复杂漏洞多、系统开放易入侵等固有脆弱性,使得海量数据的安全防护更加困难。

(一)多源汇集招致多样化攻击

在信息化战场上,数据技术广泛运用,数据无处不在,数据资源指数级增加。2011年10月,美国战略司令部司令称,美军卫星和空中监视平台每天收集的数据流总量高达53 TB(53万亿比特)。在战时,汇集网络的数据既有来自各类传感器的情报、监视、侦察(ISR)作战数据,也有来自网络系统提供的线上作战数据,还有线下静态基础作战数据,不同传输路径、数据体系结构存在大量漏洞,攻击者可采取多种手段进行攻击。一是针对数据来源广泛、数量巨大、格式多样,攻击者可针对不同数据结构特点和数据库漏洞,采取不同攻击技术手段,对目标数据进行多样化、隐蔽攻击。例如,藏匿于海量数据中的APT(高级可持续性威胁)攻击往往难以被及时发现,一旦造成关键数据泄露,可能导致作战陷入被动。二是针对多样化传输路径,基础平台、数据库、信息系统等存在的安全漏洞越来越多,可供攻击的目标不断增加,攻击者可以通过不同的途径入侵数据资源系统,而且入侵攻击的途径多样化,很难做到处处设防。三是利用数据挖掘和数据分析等大数据技术,入侵攻击者可对网络上各种零散的、看似不重要的数据进行整编、累加,拼接成完整、翔实的作战数据。采取这种数据窃取方式,可以在不进入核心网络节点的情况下,就挖掘出高价值数据信息,使作战数据工作人员防不胜防。

(二)云端存储增加安全新漏洞

云计算出现之前,作战数据主要相对集中地存储在计算机或服务器中。运用云计算技术可将所有作战数据集中存储到"数据中心",即所谓的"云端"。在战时,各种作战数据根据相应的技术标准和规则,海量涌入"云端"。依托云服务平台成千上万的计算机提供的数据处理和数据交互功能,指挥人员可以通过"云端"服务,实现对所需数据的实时调取、分析,大幅度提高作战数据运用质量与效率。然而,平台不安全运行、网络作战数据易暴露等因素,增加了数据新的安全隐患。一是云服务平台漏洞影响作战数据安全。存储于云计算环境中的作战数据,其安全风险完全依赖于云服务平台,数据用户对数据的控制能力大幅度削弱,一旦云服务平台安全管理出现疏漏,必然导致作战数据泄露或丢失。二是云端作战数据相对暴露。在智能化战争中,信息网络是敌方首要攻击目标,一旦敏感的作战数据上了"云端",必然成为更具吸引力的攻击目标,随时可能遭受致命攻击。三是"云端"访问繁杂造成数据安全风险。根据权限实时访问"云端"数据,数据作战效益才能实时发挥。在战时,云服务平台访问对象十分复杂,凭借"云端"身份认证系统,很难做到"铁板一块",一旦非法访问进入"云端",必然导致作战数据被非法窃取。

(三)点上漏洞造成全网被动

在网络泛在互联、态势实时共享的环境下,各种数据系统互联、互通,数据高速流通、体系化集成运用,大幅度提高了大数据利用效率和价值,也带来了体系化自身的安全隐患。在小数据背景下,数据被孤立存储、分隔利用,虽然数据运用对作战贡献度相对较小,但通常不存在全部数据一次即被全部窃取的风险。然而,在大数据泛在共享的条件下,通过大数据技术手段整合了侦察预警、联合打击、联合防御、综合保障等各种领域数据,一旦在激烈的对抗中,敌方发现大数据服务保障系统的漏洞,就能通过泛在共享特点对全部数据进行利用,己方就有陷入数据被大范围污染导致数据系统功能失效,或者数据被敌方监控导致己方决策及作战行动"裸奔"等危险局面。

(四)网络危机应急响应滞后

网上鼠标点击的瞬间就能完成数据传递,空前实现数据共享的广域性,数据的效益裂变式倍增。然而,网络是一个开放的体系,攻击者可以从任何一个网络漏洞入侵,从不同点位隐蔽地获取、修改网上数据信息,甚至插入虚假的数据信息。"棱镜门"事件表明,利用网络存在的安全漏洞,窃听、监视网络上各种情报,其隐蔽的侦测手段使数据的安全响应形同虚设。在战时,网络上流转的作战数据遭受攻击,数据的丢失和失真很难及时发现,很难在第一时间采取应急处置措施。一是网络监测预警滞后。网络监控预警通常基于一定的风险评估、入侵模式、监测技术手段设计,一旦攻击者采取新的技术手段,很容易误导欺骗控制预警系统。如利用基于内置攻击事件库的实时匹配分析检测技术,攻击者可轻易设置一个攻击监测诱导欺骗,导致攻击监测偏离原有方向。二是入网窃取作战数据十分隐蔽。网络流转数据规模巨大、来源复杂,一旦攻击者掌握网络漏洞,入侵网络后可以在网上"守株待兔",窃取各种作战数据,很难对其进行定位并进行反击。三是网上流转增加了无意泄密的渠道。多元数据混杂交叉存储,多种应用同时运行和频繁无序使用,增大了无意间泄露核心数据的概率,往往会造成重大泄密事故,还自以为"固若金汤",不可能及时采取应急措施。

第五章　大数据领域的战略竞争

　　高新科技被视为大国战略博弈的首要领域,能否在高新科技发展中占据先机,不仅直接影响国家国际竞争和经济发展,而且直接影响着国家的军队转型发展,制约着维护国家安全能力的提升。顺应大数据蓬勃发展大势,着眼数据融合赋能、支撑备战打仗、提升联合作战能力,加强战略统筹和顶层设计,加快推进大数据人才、资源体系和中心建设,健全大数据集成运用机制,强化基于大数据的联合训练,对于全面提高大数据时代备战打仗能力,具有重要的战略意义。2012年以来,美军洞察到大数据技术的颠覆性重要作用,率先在大数据领域发力,出台了《国防部数字化战略》《国防部数据战略》等一系列战略指导文件,在大数据人才培养、技术研发、资源开发、大数据中心建设等领域系统推进,积累了大量实践经验,可为推进大数据战略竞争提供有益的经验启示。

第一节　集聚大数据人才

　　人才是核心战斗力。在战争史上,军队转型发展或重大军事创新的当口,人才的竞争决定着战略主动的得失。打赢信息化战争或者说打赢未来智能化战争,都必须充分正视大数据的地位作用,敢于采取超常措施,拓宽人才选拔和培养渠道,以战略性大数据工程建设为牵引,加强大数据人才培养,提高军事人员的大数据素养,形成与大数据背景相适应的数据运用和创新素质,集聚起强大的大数据精英人才队伍。美国的《国防部数据战略》将"人才与文化"作为实现美国国防部数据目标的基本能力之一,强调要实现国防部向以数据为中心的机构转型,必须推动以国防部人员为核心的文化转型,并通过悉心培养数据人才,创造和保持国防部人员处理数据、分析数据、做出决策的能力。同时,提出建立数据工程卓越中心,为国防部工作人员提供数据处理与应用的专业技能培训。

一、打造大数据人才队伍

大数据人才培养,主要包括一系列大数据人才教育和训练活动,是适应部队转型发展、建设高技术人才队伍的重要环节。大数据人才培养的形式多种多样,针对不同的培养目标,通常需要采取不同的培养模式。必须坚持培养模式的多样性和针对性的统一,结合具体的培养任务,广开渠道,多种途径灵活运用,各种方式融合并用。

(一)院校大数据基础知识培训

院校具有丰富的知识积累、雄厚的师资力量和先进的教学手段,在传授大数据的基本知识、技术体系,以及大数据工作的基本知识和技能,培养高素质大数据人才方面具有得天独厚的条件,可以对大数据人员进行系统正规的教育训练。因此,应着眼于大数据工作的长远目标和人才队伍建设的迫切需要,充分利用院校教学和科研优势,增设大数据专门学科和专业,编写大数据专业教材,设置大数据工作知识技能的课程体系和教学内容;制定大数据课程标准,明确具体的教学内容,确定具有自身特色的考核方式等。通过全面、系统和正规的院校培训,提高大数据工作人员的专业素质。此外,地方大数据人才是军事大数据人才的重要来源,据赛迪顾问估算,截至2018年底,我国大数据核心人才数量为200万人,缺口为60万人,为了应对大数据人才的紧缺状况,国家加快设立数据科学与大数据技术等一批相关专业,这可以为军事大数据人才培养提供丰富的资源和智力支撑。

(二)岗位大数据任职培训

岗位培训是世界主要国家军队培养各种人才的重要途径。大数据人才培养,也需要充分利用岗位培训,即大数据有关人员不脱离工作岗位的学习和训练,也就是在干中学、学中干,学干并进。可结合不同岗位的职能任务,分级分类组织数据采集、管理、分析、挖掘、应用和研发等岗位技能的培训,培养技能熟练、专业覆盖的大数据人才队伍。此外,还可在不同岗位交流使用人才,使其在不同岗位、不同环境中得到锻炼,熟悉不同岗位职能,掌握不同岗位技能要求,促进其素质的全面提高,提升大数据人才的综合素质。可以说,岗位培训既可以成为学习大数据理论和知识的重要途径,又可以有效促进大数据人员的理论素养尽快转化为实践能力,使相关人员在完成自身担负的各项任务中提高自身业务能力,逐步成为大数据工作的行家里手。

(三)联合大数据能力培训

联合大数据能力培训是发挥军内外、国内外资源优势,共享最新大数据成果,联合培养大数据人才的一种模式。当前,地方大数据技术发展起步早,运用得更为成熟,地方院校在大数据专业设置、课程体系设计、教学环境建设上的经验相对丰富。为充分利用地方大数据人才培养资源,吸纳地方大数据人才培养的经验,应实现军内外教育结合,如将一部分军队所需大数据人才纳入地方高等教育培训体系;选送部队大数据岗位有关人员到地方院校进修深造;请地方专家、学者到部队给大数据人才培养对象辅导授课等。

二、培养指挥员大数据思维

思维决定意识,意识决定行动。要想使大数据全面融入战斗力生成链路,必须以大数据思维准备和筹划作战。当前,部分指挥员还习惯于基于小数据指挥的思维认识中,对大数据及其对作战制胜的影响缺乏敏感性,存在着重抽样数据轻整体数据,重简单精确数据轻复杂混合数据,重因果关系轻关联关系的现象。亟须加强指挥员的大数据知识学习,提高指挥员大数据素养和大数据技能,以加快形成基于大数据指挥的思维。

（一）丰富指挥员大数据知识

在当今时代,知识呈爆炸增长,新理论、新技术层出不穷,只有不断学习,才能剔除旧观念,形成与时俱进的新思维。在大数据背景下,指挥员必须加强大数据相关知识学习,才能形成基于大数据指挥的思维。应重点抓好以下方面:一是加强指挥员大数据知识学习,结合院校培训,重点学习大数据概念、内涵、发展、学科体系等基础理论;学习大数据在民用领域的运用、大数据对战争制胜的影响、联合作战大数据保障、联合作战大数据运用等应用理论。二是加强指挥员大数据知识实践运用,通过联合训练等活动,锻炼指挥员利用信息网络进行数据查询,运用大数据技术和资源进行敌情研判,利用大数据进行作战筹划和部队行动控制等,提高指挥员基于大数据的组织指挥能力。

（二）锻炼指挥员运用大数据意识

大数据意识主要包括数据驱动意识、数据需求意识和数据安全意识。数据作为现代战争的支撑,贯穿于战争的全过程和每个环节,联合作战指挥员必须抛弃固有思维,树立大数据思维,破除等等看的想法,跳出老套路,大胆探索大数据技术在军事领域的应用,争当大数据时代的先行者,学好、用好大数据。同时,还要通过各种方式,不断培养指挥员的大数据意识。一是数据驱动意识,即大数据背景下指挥员必备的首要意识,指挥员必须确立数据支持态势认知、数据引导谋划决策、数据优化行动调控的观念,跳出数据只能辅助的思维,强化联合作战指挥中首先运用数据、全程运用数据、深度运用数据的意识,做到让数据"说话"。二是数据需求意识,即指挥员能提出明确的数据建设需求和数据运用需求,能认清本单位和自身的数据需求,并准确地描述数据需求。三是数据安全意识,即指挥员能准确认识数据安全的重要性,能充分认清自身和本单位所肩负的数据安全责任,采取各种措施确保数据保密性和完整性。保密性保护就是使截获者在不知道密钥的条件下不能解读密文的内容。完整性保护主要采取等级保护、数据加密和抗毁保护等三种措施进行防护,就是确保作战数据的全面、整体。

(三)培养指挥员人—机交互技能

在大数据背景下,基于大数据的机器智能成为指挥员不可或缺的重要助手,指挥员必须提高人—机交互技能,保证其大数据思维的实践运用。应推进指挥机构中的指挥业务数据化,以数据运用牵引和检验数据建设和数据共享成果,加快数据工作融入指挥业务;推进大数据联合实验环境建设,为指挥员提供逼真的人—机交互环境,促进指挥员人—机协同习惯的养成。在具体环节上,重点抓好三个问题:一是利用智能专家系统引导指挥员作战筹划,主要是利用智能专家系统分析大数据,形成敌情、我情态势,找出特定作战阶段和作战区域的作战重心,指挥员依据专家系统的结论组织作战筹划;二是利用智能专家系统拟制备选作战方案,智能专家系统依据自身的各种数据支撑,搜索作战预案和演练方案数据库,对照当前的战场态势和作战需求,形成备选作战方案,为指挥员指挥决策提供参考;三是利用智能专家系统评估完善作战方案,利用智能专家系统对作战方案进行快速推演,分析在各种可能情况下的利弊得失,评估方案的综合效果,为指挥员最终选定方案提供依据。

第二节 创新大数据技术

紧盯科技之变,加强前沿技术研究和创新,是抢占前沿科技领域、形成军事竞争的重要途径。当前,大数据技术快速发展和更新,世界主要国家都十分重视大数据技术创新,2012年以来,美国国防部、国防高级研究计划局(DARPA)、有关业务局和各军种研究机构,发布了大量大数据研究与应用项目,从互联网上可以查到的就超过50项。面对当前大数据领域的激烈竞争,统筹各种力量和资源,加快推进核心大数据技术的突破,是抢占信息化智能化战争制高点的必由之路。

一、依靠大数据项目加速技术创新

从世界重大科技发展历史看,技术创新必须经过知识积累和集体创新的过程。通常都是在充分调查研究的基础上,坚持顶层设计,自上而下,上下结合,整合各种资源,依靠重大工程项目牵引。例如,20世纪70年代,美国国防部及国防高级研究计划局为推动信息处理和战术技术的研究,特别是推动整个计算机领域的研究,启动了一系列重大项目,包括贝尔实验室、通用电气和麻省理工学院都在国防高级研究计划局的资助下开始了相关研究工作,最终成功促成了一系列计算机基础技术的诞生,在此期间,阿帕网(ARPANET)出现,还实现了无线传输重大技术突破。

面对大数据技术日新月异发展之势,同样需要规划并启动重大数据工程项目,加速核心技术发展。2012年3月,美国发表了《大数据研发倡议》,美国国防部及国防高级研究计划局在同期发布的大数据项目清单中列出了10项研究计划,涵盖大数据基础技术、大数据处理平台和应用等诸多方面,大力提升获取、管理和分析大数据的能力,正式把大数据研发提升为国家战略,并作为美军建设的战略重点。其中典型的数据项目有:① DARPA 的"X数据(XDATA)项目"。该项目于2012年启动,是美国政府大数据研发计划的重要组成,是美军推进大数据研发计划的核心项目,旨在开发用于分析大量半结构化和非结构化数据的计算技术软件工具,以便对国防应用中的大量数据进行可视化处理。项目不针对特定情报或信息系统数据,而是面向非特定领域的数据,研究的是通用技术,并且很多研究成果将以开源的形式在互联网上共享,以此推动相关工具的发展,加快研究速度,并进一步扩大相关研究的影响力。② 美国海军的大数据云生态系统(BIG DATA ECOSYSTEM)项目。2013年以来,美国海军组织开发了名为"海军战术云参考实施"(NTCRI)的大数据云生态系统平台,由数据分析组件和可视化界面提供相关作战环境和情况的所有数据实时视图,实现对美国海军舰载传感器、飞机和其他平台产生大量数据的有效利用。③ 美国空军的大数据集处理利用与分析(PEALDS)项目。2013年,美国空军研究实验室联合地方相关公司,共同开展了大数据集处理利用与分析项目,其目的是使观察者能快速对传感器数据进行筛查,为战场士兵提供可行动的信息。利用大数据工具 PEALDS,可创建战场态势图或关注区域的态势图,并对其进行实时监控、存储和回放。通过将传感器数据流与数据标签和趋势探测软件相结合,分析专家和战场士兵可进行观察、跟踪并根据所观察到的行为预测敌方的行动。

二、论证确立优先发展的大数据技术

随着世界主要国家对大数据发展的高度重视,以及人类经济社会、军事领域的强劲需求,新的大数据技术必将不断涌现。在军事上,必须适应未来智能化战争的需要,理清大数据技术的实际需求,确立优先发展的大数据技术清单,实施经费投入倾斜支持,确保重点领域率先突破。美军初始阶段的大数据项目,重点在研发大数据基础支撑平台、大数据分析应用、数据驱动的新型软件研制等技术上取得突破。首先,在大数据基础支撑平台技术领域,重点研究大数据分析近似计算理论与自主学习算法、数据驱动深度学习计算理论与算法、数据压缩与加密等理论与技术;大数据云中心智能管理技术与平台,主要包括超大规模大数据云中心运行支撑技术、数据驱动的资源智能调度与管理技术等。其次,在大数据分析应用技术领域,研发了大数据分析的基础理论和技术,主要包括大数据环境下机器学习、面向流数据的新型分析、复杂高维大数据的可视化分析等理论与技术;研发了高时效的大数据计算模型、优化技术与系统,主要包括新型大数据分析计算、大数据规则优化、大规模流数据在线分析等技术;研究特定场景智能感知,主要包括跨时空多尺度关联、目标检测追踪等技术;检验了智能感知与理解技术,主要包括复杂体系演化预测模型、支撑多源异构数据关联挖掘、临机处置决策模型等理论与技术。最后,在数据驱动的新型软件技术领域,攻关了基于编程现场大数据的软件智能开发技术方法和支撑环境,探索了大数据环境下群智化软件开发技术。

三、加强大数据军民协同技术创新

在当今时代,世界主要国家纷纷加大战略投入,争先发展新兴技术,地方高新技术企业蓬勃发展,高新科技资源丰富,科技企业实力异常雄厚,如美国太空探索技术公司(SpaceX)等企业都在各自领域独占鳌头。整合国家科技资源和力量,加强军民协同创新,全面推进科技发展,是抢占科技竞争的重要途径。美军大数据项目在推进过程中,十分注重军民融合,广泛利用社会资源,自2011年起,共有上百个美国大学和公司研发团队,参与了美军几十个大数据项目,其国防部与地方知名大学、大型企业签订了大数据项目的合同,充分利用知名大学的人才资源和大型企业的技术优势,提高大数据技术研发效率。例如,2011年,国防部高级研究计划局与佐治亚理工学院签订了一份价值270万美元的技术研发合同,以帮助解决大数据的技术挑战。此外,为了推动大数据领域的创新,美国国防部还举办一系列公开的大奖赛,以提升地方科技人员参与军方研发的积极性和主动精神。

第三节　开发大数据资源

在当今时代,数据是重要的战略资源,影响着国家发展战略主动权。我国《"十四五"国家信息化规划》明确指出,以数据资源开发利用、共享流通、全生命周期治理和安全保障为重点,建立完善数据要素资源体系,激发数据要素价值,提升数据赋能作用。在军事领域,大数据平台建设和数据整合已经成为军队建设的重要基础工程,数据资源开发直接决定着联合作战体系的构建和优化。围绕大数据作战需求展开成规模的资源开发,是汇集联合作战的全域异构数据、产生多元数据关联的涌现性的必然要求,也是推进数据融入联合作战体系、提升联合作战能力的重要途径。2020年10月,美国国防部发布《国防部数据战略》,明确将数据定位为战略资产,提出"使国防部成为以数据为中心的机构,通过快速规模化使用数据来获取作战优势和提高效率"的发展愿景。从大数据资源生产链路看,开发大数据资源应重点抓好以下工作。

一、科学规划大数据资源开发

大数据资源开发不仅是新数据的采集整编,而且包括传统资料数据资源转化、历史军事资料数据化,是一个复杂的系统工程,需要拓展来源渠道,优化资源结构。为此,应科学制定大数据资源开发利用发展战略、总体建设规划和建设方案,明确总体要求,为大数据资源开发提供基本的依据和遵循。

首先,制订大数据资源开发长期规划。开发规划和方案是大数据资源开发的基本依据。应着眼于国防和部队发展总体部署、联合作战对大数据的需求以及大数据技术发展等,组织制订大数据发展顶层规划,明确未来一个时期大数据资源开发的目标、步骤、方法、内容等,以科学合理的规划指导大数据资源开发利用的全面展开和顺利发展。各层次、系统和部门根据大数据资源开发规划,制订各自的大数据资源开发方案,合理地安排建设内容和建设进度,确保各级大数据资源开发工作的顺利开展。

其次,健全大数据资源开发长效机制。根据大数据资源开发的需要,制定数据资源开发实施办法和管理规定,明确数据建设的原则、目标、边界和任务,以及组织实施、成果应用和开发共享方法;明确军地有关单位的主体责任和任务,建立覆盖数据全生命周期的采集、处理、汇总、审核和共享工作制度。形成长期积累、持续更新、不断发展的长效机制,确保相关单位和职能部门能够高效写作,共同推进大数据资源开发。

二、推动大数据资源建设

大数据资源建设是大数据资源开发的主要任务,包括大数据采集、整编、融合、管理和共享等步骤。通常,应遵循统一的技术标准,规范大数据资源建设流程,按需形成高质量的大数据资源体系,为高效组织大数据运用提供保证,如图5-1所示。

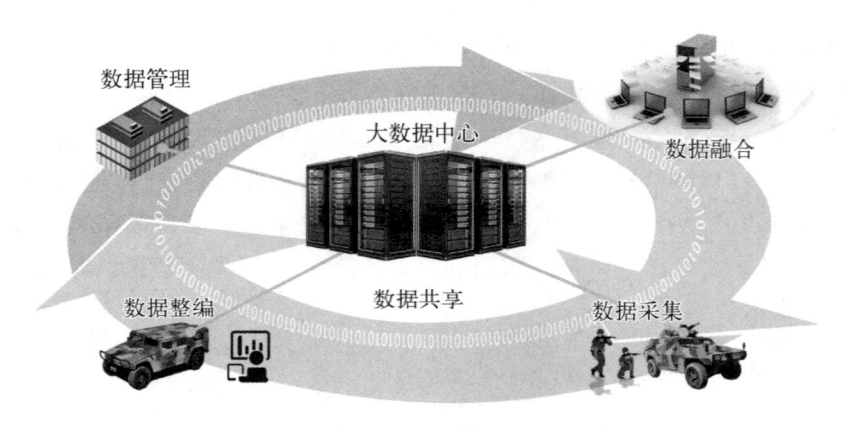

图5-1 大数据资源建设示意图

(一)大数据采集

大数据采集是按照相关采集规定,依据大数据标准,对大数据进行搜集、加工的过程,是数据资源建设的基础性关键环节。采集不只是解决数据有无的问题,应针对实际需求,确保采集的数据满足既定用途之需,还要避免出现有量无质的问题。大数据的采集方式有集中采集和分布采集之分。集中采集是由有关人员集中采集某一类或几类特定数据,或者在一起同时采集急需数据;分布采集是由不同级别和类别的数据采集人员,自下而上地分头采集、逐级汇总。大数据采集的方法通常主要包括基于数据库方式进行采集、基于电子统报(非数据库)方式进行采集和基于指挥信息系统或业务工作系统进行采集。

大数据采集贯穿平时和战时,具有鲜明的平战一体特点。平时应加强对主要作战区域的动态调查和数据储备,特别是形成重点区域、重点目标的数据资源。充分利用和平时期的部队演训、装备效能测试、作战模拟、执行重大任务等各种时机,采集各种数据资源。在战时,主要进行战场态势动态数据的采集。通过由人员、武器平台和传感器等组成的侦察监视网络,对主要作战区域及相关区域的各类目标和行动进行侦察和监视,获取实时或近实时的态势数据。

大数据采集应适应未来联合作战需求,提升采集工具的标准化和规范化,构建形成网络化、自动化作战数据综合采报整编体系,建立以在线采报、网络引接、自动收集方式为主,人工采报方式为辅的体系化数据获取渠道。2016年5月,美国国防信息系统局(DISA)发布了《大数据平台和赛博态势感知分析能力》报告,提供了一整套基于云的解决方案,用于收集国防部信息网(DoDIN)上的海量数据,并提供分析与可视化处理工具以理解数据。采集的数据还要根据不同的需求进行汇集,为此应建立"源头采录、动态获取"的采集机制,确保数据采集来源的丰富、真实可靠、时效性强、正规有序。此外,应做到精确化,视情况开放数据接口标准,开放源代码,完善数据交换标准、规范、质量控制和信息服务系统等。还有,数据采集工作既不能"狗熊掰棒子",采新的丢旧的,也不能把"沃尔玛"变成"杂货铺",只是把各种大数据杂乱无章地堆放在一起。要做到按标准、按时限有序管理大资源,为大数据服务和运用打好基础。

（二）大数据整编

大数据整编是根据任务要求,对大数据进行切割、筛选、伪装、综合等整理和编辑工作。目的是高效准确地为特定任务提供大数据支持,生成合适的数据产品。从某种意义上说,数据整编是数据资源管理部门对外提供数据服务的"窗口"。在整编过程中,部分实时数据的时效性非常强,需要依托专业系统的支持,在数据的发送和接收端,利用软件系统进行数据自动处理和数据库加载。因此,数据处理软件、通信软件和管理软件的研制、更新,对提高数据整编效率非常重要。大数据整编成果必须标注作战数据的名称、来源等要素,以满足作战数据维护管理需要。

（三）大数据融合

大数据融合是指利用计算机技术在一定准则下,对按时序获得的多传感器的观测数据,进行互联、相关、估计以及组合等多层次、多方面的自动分析和综合,以完成所需的决策和估计任务,获得准确的状态和身份估计,以及完整而及时的战场态势和威胁估计。为适应数据作战实时处理、快速反应的要求,必须对各类数据进行融合分析,为指挥决策和部队行动提供全方位支持。按照数据融合所处理的多传感器数据的抽象层次,数据融合可分为像素级融合、特征级融合和决策级融合。在战时,应及时通过分布式的分析处理,对获取的各种实时态势数据进行比对、印证和整合,同时,通过集中式的分析处理,将实时态势数据与基础数据进行对照分析,最终实现实时态势数据自身的融合以及与基础数据的融合。

(四) 大数据管理

在大数据资源开发和利用过程中,必须运用特定技术手段、方式、制度、机制,对大数据资源实施管理,确保其全面、准确、规范、实时和安全,实现数据资源的有效流转、配置和开发利用,最大限度地发挥其军事效益。通常,对作战基础数据库、装备管理数据库、战场资源数据库、战例模型数据库等数据资源的开发与利用,要打破各自建设、各自存放、各自管理的现状,通过统一数据定义、统一数据编码格式、统一数据存储方式,实现由分散数据库到集中数据库的管理。

大数据资源管理可采取分类管理、分级管理和授权管理等方法实施管理。分类管理是根据不同数据的属性和特征,按照其数据属性、数据渠道和数据类型等进行的细化区分,目的是精确掌握敏感数据的分布位置,提高大数据的管理使用效益和安全管控力度。分级管理是根据不同数据的内容、特点和使用范围,按照其重要性、时效性、敏感性进行保密等级划分。授权管理是根据数据分级分类确定的数据保密等级、数据专业类别,为维护数据的机密性,对各级指挥机构、任务部队和个人使用数据实施的限制措施。

(五) 大数据共享

共享是实现多源数据集成融合、提高大数据资源使用效益的前提。在大数据资源建设中,需要统一规划大数据服务的内容、形式、标准、平台等要素,对不同部门、各领域的数据资源体系进行统一筹划,避免形成一个个"数据孤岛"。

首先,筹划设计大数据体系。根据不同用户的需求和相互关系,设计统一的大数据体系,确保面向部队各级用户网络化、服务化的数据共享服务体系,实现数据资源在全网全域的安全、优化、有序共享,为指挥决策、部队行动提供重要的数据支撑与保障。美军为获取军事战略优势,提出构建快于对手数据应用的敏捷信息体系架构,确保用户在任何时间和地点,都能够按照权限安全地访问所需的数据和应用服务,提升数据应用的有效性、安全性和高效性;同时,有利于快速部署轻量级应用系统,以便用户根据需求快速、持续地获取和使用数据,提高数据可访问性。此外,大数据体系设计应能够根据数据用户需求和实践应用需求快速平稳地迭代发展。

其次,统一数据技术体制和格式标准。科学论证数据资源涉及的技术体制,严格按照统一的技术体制推动共享兼容。统一标准,确保兼容,共用的基础数据应按照军队标准组织建设;业务领域的专业数据可以采取通用的行业数据标准。美军为破解国防部数据私有化和共享难题,树立"共享为常态、不共享为例外"的文化氛围、确定权威数据源、制定数据接口规范、基于决策需求获取数据、推广数据共享集成软件工具等方法,全面提高国防数据共享效率,最大化数据可用性。

最后,构建分级分类数据共享服务平台。确立各系统各部门统筹建设的模式,形成优势互补、互通共享的建设格局。科学区分大数据共享平台的功能,避免系统功能重叠;大数据共享平台硬件、软件采用统一的标准,确保功能兼容,建成网络化、智能化的大数据共享平台,保证各级各类用户按照需求和权限,通过下载、推送、专项等方式获取所需数据。2018年3月,美国国防部推出"联合企业国防基础设施"计划,目的是将数据服务从服务首长机关下沉到单兵,通过部署可以装入悍马甚至是实兵背包的微型服务器,把作战部队、军官、情报分析人员等连接到更广阔的"云端",这样一来,前线部队就可以通过云连接快速访问网络中的所有数据。

三、建立高质量数据库系统

有了各种数据资源,还要建立各种数据库系统,搭建起大数据融合集成和运用的平台,为指挥决策和部队行动提供融合的数据支持。在伊拉克战争中,美军所应用的数据库存储了多达70万亿字节的数据信息,其数据量是当今世界最大的图书馆——美国国会图书馆的3倍,高效保障了美军联合作战行动的组织实施。

大数据库建设为了获得较好的系统性能,便于系统的维护管理,通常应采取比较成熟的数据库产品及其开发工具,进行数据库的设计和应用软件的开发。除了遵循数据库开发的一般方法和原则外,需要重点把握以下方面:一是易使用性,为了帮助各级指挥员及其参谋机构、单兵更容易获取所需的数据,必须有针对性地开发一些功能完善、用户界面友好的数据查询、浏览工具,便于把相关数据有机地整合在一起,便于查询和检索;二是实时性,战时的大数据运用要求必须对战场上出现的情况快速做出反应,大数据库系统建设,应综合运用各种大数据、人工智能、物联网等技术手段,提供大数据服务和运用的时效性;三是易维护性,大数据库系统应适应作战需求,易于安装和维护,便于大数据实时汇集和共享,便于系统功能的移植和升级。

开展大数据库系统建设,应充分发挥高新技术的支撑作用,建立具有重组和扩充能力的联合共享数据平台,研制一套构建、维护、支撑共享数据库的工具,设置共享数据库访问引擎,提供共享数据库的通用查询工具。通常，需要着眼便于管理和应用，进行整体设计，制定相应的管理规定，使数据库管理工作更加规范化、制度化，灵活运用数据共享技术，挖掘数据潜力，提升综合集成应用能力。

四、建立联合作战云环境

作战云是指综合运用网络通信技术、虚拟化技术、分布式计算技术及负载均衡技术，将分散的作战资源，进行有机重组而形成的一种弹性、动态的作战资源池。其广泛采用云计算技术，系统架构由面向功能需求型向面向任务服务型转变，大幅度消除传统的信息"烟囱"，数据融合共享更加便捷，用户可根据需求快速组合定制化服务。作战云以泛在网为物理架构，以大数据为"血脉"，以云计算为主要信息处理方式，具备虚拟化、联通性、分布式、易扩展和按需服务等特点，能够随时、随地根据作战需要为用户获取资源提供服务。在大数据和云计算等网络信息技术的支撑下，作战云体系中任何一个或多个系统功能的缺失，都不会决定性地影响战场态势信息的共享和分发。在战时，通过云技术高度整合和共享陆、海、空、天、网、电等作战域资源，各种作战要素汇集成云，完成战场数据的网状交互，进而增强战场情报信息共享实效(见图5-2)。作战云建设必须着眼于未来作战需求牵引，适应移动互联网、大数据和人工智能等高新技术群的发展，系统论证，科学规划，稳步推进技术创新、平台研制和环境联通等各项建设。通常，需要重点抓好以下五个方面。

图 5-2 作战云示意图

一是论证未来战争对作战云的需求。在未来智能化战争中,作战云是作战体系的基本支撑,云计算、大数据、泛在网等技术的发展和运用,改变了数据信息的传输、处理和利用的方式,真正实现"数字参谋",为指挥决策和部队行动提供实时信息支持。建设作战云必须研究智能化战争资源共享和信息处理的特点规律,研究云计算、大数据、泛在网络在作战云中的运用,研究作战云对体系作战的支撑作用,切实梳理出未来战争对作战云的需求,牵引作战云建设工程实施。

二是推动作战云各项配套建设。重点是抓好云网络支撑和数据工程建设。在网络支撑上,主要是整合无线、有线网络资源,将其整合成支持"一片云"的"一张网"。同时,加强云安全及最低限度网和传统手段等措施的建设。在数据工程推进上,要打破各个参战力量、各种业务领域的"数据壁垒",将与作战相关联的所有通用、专用和动态、静态数据,以统一的格式和标准汇入作战云中,不断提高作战云数据的丰富性和新鲜度,依托"作战云"强大的存储能力和计算能力,提升大数据流转和运用。

三是突出人工智能技术对云环境的支撑作用。云环境是以云计算、大数据、人工智能三大核心技术应用为基础的,大数据提供数据支持,云计算提供基础环境,人工智能对作战应用提供全方位支撑。此外,人工智能是未来智能化战争的基因,云环境的"智慧"离不开人工智能技术的运用。因此,在云架构设计及云工程推进中,需要充分考虑先进人工智能技术的运用和支撑。美国国防部云战略将"实现人工智能和数据透明"作为七项战略目标之一,高度重视人工智能技术在云环境建设中的运用,希望通过人工智能技术辅助作战人员进行有效决策。

四是借鉴外军云环境建设实践经验。美军云环境建设起步早,处于世界领先水平,积累了丰富的实践经验。2019年美国国防部提出,未来10年将利用100亿美元实施国防部联合信息基础设施建设项目,加强国防部云平台建设,重点建设基础设施层和平台服务层,用于储存和管理公开和敏感数据。近年来,美军不遗余力地通过"通用云""专用云""多云并存"等方式,整合各部门、各类型、各层次的软件应用系统和数据资源,将国防部现有软件应用系统模块化、体系化迁移到云环境,加快提升国防部信息化和数字化建设水平。2013年,美空军首次将云概念引入作战领域,并迅速得到美国国防部、海军及其他军种认可,成为美军应对未来战争的新方略。2013年以来,美国海军组织开发了名为"海军战术云参考实施"(NTCRI)的大数据云生态系统平台,由数据分析组件和可视化界面提供相关作战环境和情况的所有数据实时视图。2018年2月,美国国防部完成的"军事云"2.0版上线,5月发布"联合企业国防基础设施"(JEDI)云项目招标计划;2019年2月,国防部公开发布《国防部云战略》,目的在于运用云计算技术推动国防部信息能力发展,全局性、前瞻性规划设计服务于美国全球军事行动的云生态系统的构建。同时,针对美军信息系统"烟囱式"发展,信息网络安全性欠佳、云服务脱节、云适应性不足、云上未加载人工智能等问题,提出以围绕作战人员使用、综合云智能和数智能方法,以及营造推动现代科技进步的文化氛围等方法原则,实施云生态的建设、运营和管理,提出了具有2个层级的云架构模式。此外,美国国防部联合人工智能中心计划整合各部门的云平台和软件开发工具,有效解决人工智能应用存在的算力不足或算力冗余等问题。

五是加强作战云实践应用。作战云是一个前沿技术领域,不可能等待建设一个完美的作战云后,再组织其实践应用,必须边建边用、迭代升级发展,在应用中发现问题,不断升级完善。平时,积极开展大数据信息入"云"试验,将各种力量、各个部门的共用数据、最新信息等实时置入"云端",按权限使用。结合日常演习演练,探索依托作战云组织数据共享的方法途径,任务部队和作战单元按照作战的实际需要,确立信息自取形式,明确信息自取权限,疏通信息自取渠道,规范信息自取方法,养成信息自取习惯。这样一来,通过建用一体化、滚动发展,逐步提高作战云在联合作战中的运用水平。

五、大数据资源开发评估

大数据资源开发涉及领域多、目的性强,开发效益需要通过实践运用检验。而且,开发效益反馈少、反馈慢,必须通过组织大数据资源开发评估,实现"以评促建"和"以评促用"。数据资源开发评估,应当与数据标准、数据支撑环境、数据人才队伍等建设评估一体筹划、统筹实施,确保客观反映大数据资源开发的整体情况。通常,按照"谁生产、谁负责"的原则,建立数据质量追溯标签,记录数据的生产者和来源单位。

(一)评估内容

组织实施大数据资源开发评估应全面收集、分析与数据安全相关的各种信息,提高数据资源开发评估的客观性和有效性,重点抓好大数据质量和大数据流转安全评估。

就大数据质量评估而言,通常按照数据广度、粒度、保鲜度的标准,逐项对大数据质量水平实施评估。不同类别数据采集整编情况的评估重点,包括数据要素齐全程度、数据保真保鲜程度、数据可用程度等,为周期性充实和更新数据提供依据。大数据资源整体情况评估的重点包括入库数据与需求数据、数据需求与实际应用的契合程度,已有数据资源集合的缺口和短板,以及建设发展中存在的问题及解决措施等,为调整和改进大数据资源开发方法提供依据。

就大数据流转安全评估而言,大数据高效流转是实现大数据共享和发挥效益的前提。在未来智能化战场上,大数据主要通过网络流转和共享,网络可能存在系统"后门"或易被攻破的程序缺陷。因此,在大数据资源开发中,必须加强运行条件下的数据流转安全评估。此外,还需要通过查询反馈数据,在线评估各数据终端使用情况。

(二)评估流程

大数据资源开发评估需要明确评估目标,确定评估内容,建立评估标准,组织实施评估,并进行评估总结。

1. 明确评估目标。明确评估的目标即明确通过评估要达到什么样的目的,其用途是什么,对大数据资源开发起到何种影响。此外,还要明确实现目标的有利与不利条件,通常需要列出所有的约束条件。通过明确目标为大数据资源开发提供正确导向。

2. 确定评估内容。针对大数据资源进行分析与研究,搞清大数据资源的构成要素、有关属性及其相互关系,重点明确影响大数据开发的因素,从而确定重点评估什么,哪些是最关键、最核心的评估内容,哪些是次要和可以忽略的。

3. 建立评估标准。根据评估目的和评估对象的具体情况,建立相应的评估指标体系的层次结构,并依据指标在指标体系中的重要程度赋予其恰当的权重值;检验所建立指标体系的一致性,确保指标之间无冲突、覆盖;最后,针对所建立的指标体系中每个指标的特性,选择适宜的计算和评价方法。通常,由各级作战部门和业务主管部门分别制定作战数据、业务数据的质量指标体系、评估方法。

4. 评估实施。需要对评估对象的有关数据进行收集,通常数据收集越全面,评估结果的可信度越高;对所收集的数据进行统计、整理,剔除错误、有疑问和不全面的数据;根据各个指标的计算方法和评价方法,利用所采集的数据实施计算和评价,得出各个指标的值,并根据需要由底层指标逐级向上聚合。

5. 评估总结。根据计算出的各个(或主要)指标值,在一定层次、范围内加权综合,获得评估的最终结果。通过评估、分析大数据资源开发的效益,总结实践经验。

第四节　建立大数据中心

大数据中心的意义在于实现多源数据的集中处理、存储、交换、传输和维护管理等功能。通过建立大数据中心，可以克服数据服务平台少、资源存储容量不足等问题，促进大数据融合和集成，实现分散数据平台、系统和资源的集成应用，大幅提升大数据集成运用的效率。当前，地方大数据的建设发展和运用，十分重视采取大数据中心建设推进集成的方式。截至2017年，我国在用的数据中心机架总体规模达到166万架，大型以上数据中心机架数超过82万架，比2016年增长68%。[①] 大数据中心建设涉及基础设施、硬件设备、软件平台、安全保障和运维管理等内容，需要科学筹划、整体设计，满足联合作战的总体需求，以及数据综合服务平台、大数据存储计算等部署运行要求。

一、基础设施

大数据中心是保障军队各级指挥机构指挥决策、遂行战备作战任务的重要数据节点，为各类指挥信息系统运行提供基础支撑环境。大数据中心包括大数据保障和服务的各种软、硬件实体，具体可区分为物理基础设施环境和与大数据中心功能相匹配的制度机制。物理基础设施环境主要指计算机设备、服务器设备、网络设备、存储设备等关键设备，以及运行所需要的环境因素，如机房、供电系统、制冷系统、机柜系统、消防系统、监控系统等关键物理基础设施。与功能相匹配的制度机制主要包括人员组织结构、数据中心管理制度、运行机制、数据服务功能、各种规范、标准等。

通常基础数据设施环境构成可区分为硬件环境、软件环境、网络环境、安全保密系统和场所相关设施，主要是形成软硬件一体的集成化服务环境，实现全网数据安全传输、大容量数据分布存储、复杂应用的高效处理。

硬件环境主要包括支撑数据库的服务器、存储、终端、采集和输出等相关硬件设备。当前，硬件环境中最重要的是各种数据支撑平台，也就是各类数据资源基于服务器、存储和网络设备等的网络计算管理平台。数据支撑平台既可以确保数据安全，也能为各个数据节点提供数据交换共享和计算

[①] 开放数据中心委员会：《数据中心白皮书（2018年）》，中国信息通信研究院2018年10月6日。

存储功能。

软件环境主要包括支撑大数据应用的操作系统、数据库管理系统、办公软件系统等基础软件,以及大数据业务系统、大数据组织服务、大数据安全保密系统等应用软件。在各种大数据业务处理中,应用软件直接决定着实际效率,此外,在涉及软件交互时,应用软件的影响非常大。

网络环境主要是指构建数据整编、管理与应用局域网,其通常应接入各级指挥机构,与各种指挥网络和连接相关业务系统的网络终端一体互联,为汇总、整编、报送与分发大数据提供高速、可靠的数据传输与交换平台,直接影响着大数据的分发共享和流转。

安全保密系统主要包括各种安全策略和大数据管理使用的安全保密规章制度。通常,要利用大数据和指挥信息系统安全保密技术和产品,建立涵盖设备安全、系统安全、数据库安全、网络安全、工作场所安全的数据安全纵深防御体系,确保大数据管理与应用全域全程安全可靠。

数据场所相关设施主要包括在数据场所内各关键部位安装防电磁干扰、监控摄像头、门禁、不间断电源等设备。存放数据库服务器及存储设备的核心机房应独立设置,要求具有电磁屏蔽、防火、防盗、防雷击等功能。

二、建设原则

大数据中心建设涉及需求论证、资源筹集、部门协调等问题,应以满足指挥决策和部队行动需求为目标,以实用化、智能化、规范化、网络化为方向,完善大数据建设、管理、使用和保障的机制,提高大数据中心建设、管理、使用和保障的水平。为提高大数据中心的建设效益,通常应遵循以下基本原则。

一是需求牵引。与民用大数据中心不同,在军事领域,大数据中心直接为作战指挥和军事行动提供可靠高效的数据保障和服务,其建设首先必须满足未来作战的实际需要。因此,设计和建设大数据中心,不仅要搞清未来作战对大数据服务和运用的总体需求,而且要搞清不同任务部队、不同层级作战任务的大数据需求,形成符合未来联合作战实际的需求清单,坚持以清晰的作战需求体系牵引各级大数据中心建设。

二是统一规范。在大数据保障、服务和运用过程中,必然会涉及不同数据中心数据之间的交换、不同数据信息的融合处理等问题。为了确保大数据高效共享交换,保证战时不同任务部队能快速统一认识,必须建立统一的数据标准和规范。因此,在建设大数据中心时,要广泛调研、科学论证,研究和建立大数据管理、更新、共享等各种规范。各级大数据中心还应根据实际应用和任务变化,扩展、完善相应的规范,以确保分散部署的各级大数据中心能够在统一规范下高效运行。

三是网络互联。大数据的优势在海量数据中分散聚合、集成运用,形成整体数据优势。大数据中心只有互联互通,才能实现不同领域、不同层级的数据按需聚合,达成不同功能的数据集成运用。建设大数据中心,应综合运用人工智能、云计算、物联网、先进通信等高新技术,确保各级大数据中心分散部署、泛在互联、动态调配,真正成为自适应、动态演进的"大数据池"。同时,在日常工作中,还应不断提高网络传播、网络维管和网络应用水平,为大数据实时分发共享提供网络化平台,形成上下衔接、横向兼容的网状数据中心网络。

四是精干实用。从部队信息化实践看,世界主要国家都建有大规模数据中心,在实际运行和应用中,数量过多、缺乏整体设计,就会出现"烟囱林立"的现象,不利于发挥数据中心应有作用。从数据利用角度看,资源分散的小型数据中心不利于数据资源的集中运用,随着物联网、大数据技术的发展,应基于云计算服务的理念,对传统的数据中心进行整合,建立少而精的大数据中心。因此,美军也在不断强化数据中心的整合,加强大数据中心的整体规划和建设,大量关闭分散于全球各地的数据中心,提升数据中心的运行效率与经济利益。数据中心整合的直接利益是降低了费用,更集中化地实现态势感知;进行更集中的安全控制,提供更好的设施;通过共享实现更好的计算和存储能力。据不完全统计,美军在 2012 财年关闭了 115 个数据中心,而在 2015 财年数据中心减少至 185 个。这也表明美军推广大数据与云计算技术的决心,这样一来,美军的基础网络就由原来的"提供物理网络服务"转变成现在的"提供网络应用服务"。① 此外,为体现大数据的集成化运用,美国国家安全局在犹他州盐湖城布拉夫代尔镇兴建了一座超级情报数据中心——大数据中心,这是其情报界第一个网络情报中心,投资规模达到 20 亿美元,用于存储侦察卫星、无人机、海外侦察站、全美监控中心所收集的各类情报数据。与此同时,这适应了日常备战和作战需要,也是衡量大数据中心建设效益的重要指标。各级大数据中心的建设应着眼于满足各自的作战需求,科学设计中心整体构成和功能,合理部署相关硬件设施、软件系统,建成技术先进、功能实用的大数据常态化运用系统。确保最大限度地满足数据整合、管理与应用的需要,提供易于操作、界面友好、智能化、便于管理维护、实时更新、远程备份、系统扩展等实用功能,同时具有与其他系统

---

① 宋婧、张兴隆:《美军大数据技术应用现状研究》,《物联网技术》2015 年第 5 期。

实现数据共享、协同工作的能力。

五是迭代扩展。大数据技术以及作战需求是不断发展变化的，同时信息化作战体系也是自适应发展的，封闭、僵化的大数据中心难以高效融入信息化作战体系，不能发挥大数据的最大效益。建设大数据中心应充分考虑数据技术不断发展变化、数据共享与分发服务等不同需要，以及各种作战指挥业务发展、软件硬件技术发展的需要等，科学设计中心体系结构以及与外界的互联互通，确保技术升级时能随之拓展新的功能，确保可持续应用具有持续长久的生命力。

六是安全可靠。大数据中心必须高度重视安全保密，确保数据的安全存储、安全应用和安全备份。为此，应采用各种有效的技术防范措施和手段，保证大数据的安全保密。在大数据中心建设中，应将安全放到优先发展地位，加强威胁、脆弱性和缺陷的识别、反应及响应技术手段建设，确保全面、准确地掌控大数据中心安全态势，实施持续、高效的防御。

三、运行管理和维护

数据服务与应用不只是简单的技术应用问题，更是管理问题，为了确保大数据中心稳定运行并充分发挥效能，应规范其运行管理、维护、安全检查等工作，以及应急响应和处置，确保大数据中心管理制度化、操作规范化和运行安全可靠。

（一）运行管理

大数据中心构成复杂，运行过程中涉及的要素多，为确保大数据中心高效运行，必须发挥制度和技术在管理中的重要作用，降低人为故障和运行成本，提供系统可靠性和可用性。

一是利用机制规范管理。由于大数据中心运行涉及不同层级、不同部门和领域的协作，而且在广域网络上共享计算和数据资源，安全保证至关重要。需要提供基本的安全保护验证机制，同时建立严格的身份认证和访问控制机制，以验证合法的用户和资源，并为其他安全服务提供接口，允许用户选择不同的安全策略、安全级别和加密方法，提供底层基础的安全设施。因此，为保障大数据中心的高效运行，应重点健全管理协作、数据审核规定、安全保护验证、身份认证和访问控制、数据报送规定、数据汇总和整编等机制，对大数据中心的各种数据活动进行规范化管理。

二是运用先进技术管理。综合运用各种先进的管理技术，增加实际管理效益。在管理中必须建立适合大数据流转的管理结构和运行方式，用科技手段推动管理工作由粗放走向精确、由模糊走向清晰。可以说，矩阵式管理、精确可视化管理、模糊现实管理等现代管理模式,都是依赖现代科技形成的。大数据中心集中了大量的高技术产品,利用传统的管理技术手段可能会受到诸多制约。例如,依靠先进的技术手段可保证设备故障自测、自报、自调节并系统修理、维护装备。美国信息安全的决策者认为,为了确保国家秘密信息和敏感信息的安全,光靠行政策略是不够的,还应该依靠先进的技术手段来实现,并认为技术是实现信息安全的有力武器,没有技术的保证,信息安全只能是纸上谈兵,只有通过行政对策、法律手段和技术应用三者的有机结合,才能实现信息安全,使信息系统安全符合保密性、可用性和完整性的要求。大数据中心管理也具有这一特点,必须充分发挥各种先进管理技术的作用,在大数据中心管理中,应提高管理人员的科技素养,加强管理人员信息化管理知识、技术手段学习,提高其信息管理、网络管理、精确管理、矩阵管理等现代管理水平,使其具备较高的科技素质和现代管理知识。同时,还要加强数据设施安全管理技术手段的研发和运用,把网络技术、数理方法和微电子成果等先进技术成果引入管理系统;加强网络设备监控、跟踪告警、入侵检测、响应恢复等先进技术的运用。

（二）运行维护

运行维护主要是通过建立日常运行维护制度,规范维护、操作流程,确保系统顺畅、安全、可靠运行。通常,要重点抓好以下五个方面:一是设备运行维护管理,建立大数据中心网络、服务器、存储、空调、安防、消防、电源等设备的日常和定期检查、测试、修理操作流程;二是软件使用维护管理,数据服务专业保障力量负责硬件设备维护,使用单位负责软件系统安装、配置和维护;三是数据保密及数据备份维护管理,根据数据信息的用途和保密规定,明确数据使用、审批的权限和流程以及数据备份、恢复的策略和流程等;四是计算机病毒防范及安全维护管理,主要建立计算机病毒查杀、漏洞扫描、补丁分发等防范和处理的策略、流程和办法等;五是介质维护管理,主要明确大数据中心纸质文件、移动存储、光盘等介质的处理、使用和管理要求。

第五节　健全大数据集成运用机制

大数据集成运用不仅要有统一的理念引领和统一的系统支撑,而且要有完善的机制进行明确规范。在实践中,集成运用的核心问题是支持实时高效的大数据分发共享服务。这就需要从数据归口、格式统一、核准印证、更新维护和共享应用等方面,建立相应的集成运用机制,对集成运用相关问题进行统一规范。

一、建立标准体系

要实现大数据高效集成运用必须建立各级、各域共用的数据标准,规范多个层次兼容的大数据交换格式。从世界主要国家发展情况看,地方数据标准建设成果较显著,军队与地方在数据技术标准的制定上还存在差距。2014年7月,中国电子技术标准化研究院颁布了《大数据标准化白皮书》,形成了大数据标准体系框架;目前,根据《大数据标准化白皮书(2018版)》统计,我国已发布、立项、在研以及拟研制大数据相关的国家标准共104项,其中已立项、拟研制和在研的大数据相关标准共有71项,这为联合作战指挥领域的大数据技术标准研制提供了有价值的参考。在军事领域,应在比对、借鉴国家相关技术标准的基础上,找准军用标准体系中大数据准备技术、分析技术、平台技术以及处理技术标准上的缺项漏项,淘汰技术性能指标不高的陈旧标准。按照联合作战技术体制与标准规范,制定面向不同主题、覆盖全业务领域、不断动态更新的大数据标准,采用统一的数据模型、统一的数据元素、统一的数据命名和统一的数据格式描述数据,明确不同层级大数据范围和粒度,明确各类作战数据秘密等级,为数据资源融合集成提供统一的标准规范。

在大数据标准建设中,应遵循以下原则:一是纵向分级构建,根据不同层级的职能任务、大数据需求,组织各级的大数据标准建设,促进不同层级相关部门之间数据工作协调及数据集成;二是横向分类构建,在同一层级之间,主要是根据不同业务部门的工作实际,分别研究各类标准的规范内容、构成和要求,构建适应联合作战需求的大数据标准体系,促进不同业务部门之间数据工作的协调及数据集成;三是定期修订更新,根据大数据技术的发展和应用实际,以及部队建设的发展,定期组织专家研究大数据领域发展和标准需求的更新变化,进行大数据标准体系修订和完善。

二、采集汇总机制

数据采集是大数据资源建设的源头工作,通常区分为采集准备、数据采集、数据汇总与检测、数据确认与验收、数据入库等阶段。建立科学、合理的大数据采集机制是规范数据采集、提高数据质量的重要途径。建立大数据采集机制需要重点明确以下内容:一是大数据采集的责任单位及职责,主要明确数据采集与认证的责任单位,以及相关入库的责任方,明确任务和职责分工，便于各方有效履行职责；二是大数据采集类别及手段，为确保数据库中有丰富、准确、完备的数据信息，需要明确采集数据的内容，以及各类数据源之间的关系，便于各级、各部门落实各自的工作内容，此外，还要明确不同采集任务运用的技术手段，便于各级、各部门建设发展数据采集手段；三是大数据采集要求，主要明确不同领域、不同类别数据采集的要求，通常应根据作战需求，明确采集大数据在完整性、准确性、规范性和时效性等方面的具体要求；四是大数据采集的基本流程，主要明确数据分散采集、分类汇总到审核、入库的整个过程，便于各级、各部门组织实施，通常数据采集应当由各级、各部门根据年度任务安排、采集计划，遵循统一的大数据标准、规范，结合战备、训练、演习等任务，分散采集、分类汇总，做到多源验证、真实准确，采取及时审查和业务审核相结合的方式，对采集整编的数据进行全面审核校验，发现不符合要求的采集行动，应及时通报有关单位，并要求重新采集整编。

三、及时更新机制

任何数据价值的发挥都有一定的时效性。随着时间的推移，数据的重要程度会发生变化，数据的价值也不断发展变化，甚至部分陈旧的数据会对指挥决策和军事行动带来各种负面影响。可见，及时更新数据是确保数据效能和价值的重要途径。及时更新不仅可以确保大数据资源保鲜，而且能及时采集和汇总最有价值的大数据。因此，要想高效、准确地运用大数据，就必须建立统一的大数据更新机制，确保更新数据来源及时、可信，时刻"保鲜"。

大数据更新机制主要是规范不同种类、密级的大数据资源更新的流程、频度、职责。大数据更新流程主要是规范从选定需要更新的数据内容到新数据的汇入的全部过程。大数据更新频度主要是规范大数据资源更新的时间，反映的是对实体或事件表征的动态变化。不同种类、密级的大数据更新的时间是不同的，大数据更新频率越高，其反映的态势变化就越及时，动态情况掌握就越全面。大数据更新的职责，主要规范各级大数据管理单位、数据提供任务单位的数据更新职责，通过规范职责便于组织各种协调工作，便于战时能根据各级指挥员及其参谋机构、各类战场目标的性质，协调组织各类作战数据的定期更新工作。

建立统一的大数据更新机制还要制定不同类别数据更新周期的标准、更新的顺序，以及针对数据更新规模采取的数据更新方法。确定数据更新周期需要解决好数据更新间隔的问题，要对不同数据的时效性进行分析归纳,确定数据更新的时间间隔和频率。明确数据更新顺序,准确分析数据之间的关联,解决好先后顺序、关联情况和制约关系等,灵活采取适用的更新模式。

四、分发共享机制

数据效用发挥的前提是高效融合共享。在现代战场上,传统的信息分发共享方式很难适应大数据运行的需要,直接掣肘限制了数据流转共享。要适应未来大数据运行和应用实际,应构建统一规范、要素齐全的标准体系,制定相应法规制度,健全数据共享机制。通过完善数据共享机制,按职能、按需求、按机制、按赋予任务的单位实时分发数据,实现数据分级分类报送与分发,力争把恰当的数据信息,在恰当的时间,以恰当的方式,交给恰当的用户。

大数据的共享还需要将"按权共享"和"按需共享"有效地相结合,合理设计共享目录,以多种形式合理组合共享。在数据共享机制设计中,需要处理好包括数据信息采集、数据加工、数据管理及共享过程中的各种关系,规范不同种类、密级数据的使用权限、共享范围、中心内部用户和程序访问的数据种类、内容,指挥信息系统加载数据的审批等。目的在于形成平战结合、通专结合的数据共享机制,打破军地之间、军队各单位之间的数据壁垒,消除"数据孤岛"。

此外,信息化智能化战争不仅对数据质量要求更高,而且对数据资源的使用权限设定更为严格。但是,在推进大数据开放共享的同时,必然会带来数据安全问题。安全、高效、合理的开放共享是协调作战大数据安全、高效运用的重要环节。为此,在作战大数据开放共享机制建设中,必须关注数据安全及数据分层分级共享权限,在确保数据开放共享的同时,兼顾安全与效益,实现数据资源的最优化及最合理的开放与共享。

五、综合保障机制

大数据技术的运用必然会促使数据保障模式创新,其核心是打破以往分散单一、自建自用的传统保障模式,走开体系化、集约化的数据保障模式。适应大数据保障模式的转变,需要健全适应大数据保障特点的机制。

大数据保障机制建设,需要重点抓好以下工作:一是规范保障职责,明确各级大数据保障力量的职责、任务,以及监督保障实施的方法措施等;二是规范多种业务力量联合保障,结合联合作战大数据运用特点,以联合作战综合数据服务保障力量为主,统一组织需求汇总、关联整编、数据呈现和技术支持,为指挥决策和部队行动提供数据产品,为其他保障要素提供数据处理平台,提供低延时、个性化、专业性服务,满足各类用户的多样化数据需求;三是规范大数据保障网络安全监管和灾难恢复,当数据设施遭受攻击破坏或系统性能严重降低,对遂行数据保障任务造成重大影响时,数据保障要素应迅速组织情况研判,识别事件特征,分析判断事件来源、性质、威胁程度及影响范围,迅速启动应急预案,组织协调相关数据保障力量快速处置和恢复,增强网络和数据库防卫作战能力。

第六节　完善大数据安全防护体系

大数据安全防护是对数据资源、数据库、数据业务系统、数据处理主机、数据传输网络等实施的综合防护。通常,在大数据汇集和应用过程中,数据开放的权限容易造成用户非法访问;对用户身份审核不严,容易导致可能出现的对数据恶意篡改和删除;多发并行访问,可能引起大数据平台和系统故障;大数据平台和系统可能遭到入侵攻击,造成大数据设备设施的瘫痪,大数据汇集和应用的中断等。可以说,数据与系统的抗毁性、安全性伴随着整个大数据生态系统,必须依据安全手段多元化、安全管理法规化、应急处理规范化的要求,构筑多域一体、动态前置的大数据安全防护体系。

一、构建大数据安全法规体系

大数据安全是一项政策性、技术性很强的工作,涉及部门多,涉及学科广。组织实施大数据安全防护必须依赖大数据安全法规的系统性、强制性、规范性。要加强数据安全法规研究,及早完善数据安全的有关法规,指导和规范安全管理行动,同时强制相关人员在制度的规范下行动,并保障平时和战时安全防护工作的连续性和稳定性,使安全防护工作有法可依、有章可循。

大数据安全法规建设可借鉴信息安全法规建设的经验。大数据安全防护与信息安全防护有相似的特点和规律,信息安全防护建设实践经验可以在大数据防护领域应用。无论在国际还是国内,信息安全法规建设,最早都是由地方发起,军事领域的信息安全法规建设起步晚,而且在其建设过程中吸收了地方信息安全法规的核心思想和做法。1992 年,联合国各成员国签署了《国际电信联盟组织法》;1996 年,德国出台《信息和通讯服务规范法》;1998 年,联合国大会通过了"关于信息和传输领域成果只用于国际安全环境"的决议。此后,世界主要国家纷纷出台信息安全法规,而且法规的专业性更强。1994年,我国发布了《中华人民共和国计算机信息系统安全保护条例》,并先后制定和颁发了《国家安全法》《计算机信息法》等。随着国际组织和各国政府有关信息安全法规的不断出台,军事领域的信息安全法规相继出台。这其中深刻反映了信息安全法规建设的基本规律。

当前,应着眼于大数据技术的快速发展,以及大数据安全工作的特点和需要,大力加强作战大数据安全法规建设。为此,要重点抓好以下工作:一是前瞻一体设计,构建大数据安全法规,不仅要立足小数据背景条件下作战数据安全工作的现状和现实需求,而且要前瞻预测大数据背景下数据安全工作的特点和发展趋势。在体系设计中,应与国家军用标准、联合作战法规相衔接,有效融入联合作战法规体系;既要反映部队大数据安全工作的总体特点规律和需要,也要反映大数据工作不同领域的特点规律和需要,形成体系完备的大数据安全法规体系。二是吸纳地方成熟经验,民用大数据技术发展快,应用领域多,不同领域对大数据安全有各自的需求,而且对大数据安全需求十分急迫,大数据安全规章制度建设较快。作战大数据安全法规建设,不仅可以借鉴地方好的做法,还可以直接吸纳军民通用的有关内容。此外,部分大数据安全法规建设中,可以邀请地方有关专家参与研究。三是持续动态推进,在军事领域,大数据安全工作处于发展起步阶段,对现阶段还不太成熟的内容,暂时不明确具体法规,以便于根据大数据安全工作发展及新需求、新要求,不断修订新的法规。通过不断实践完善,逐步构建起基础架构合理、开放发展的法规标准体系。

二、创新大数据安全防护技术体系

可靠可信的防护技术是组织大数据安全工作的前提保证。着眼于联合作战对全时全域全要素的信息系统安全防护需求,按照安全保密与信息系统一体设计、自主可控与军民融合共同发展的思路,逐步构建全行为动态监察、威胁实时感知、攻击主动反制的安全防护体系。通常,应建立功能差异的安全防护系统,能通过威胁预警、漏洞监控、伪装诱骗和追踪溯源等方式,有效防范各种风险和安全威胁。在安全防护系统的构建和运行过程中,需要利用各种先进的安全防护技术提供全面支撑,可以说,技术水平直接决定安全防护能力。当前,软件定义网络、量子通信、个性化定制终端等,都将对大数据运用带来深远影响。随着人工智能、物联网等技术的快速发展,网络入侵、数据窃密领域的创新技术手段还会不断涌现。加强大数据安全防护技术前瞻研究,建立起自主、可控、多维防控的技术体系,是强固大数据安全体系的重要工作。

　　一是创新数据库安全防护技术。重点研究人工智能、云计算、大数据等技术发展，对数据用户身份认证与授权访问控制、数据存储加密、数据库安全审计、移动存储介质安全管理和安全操作系统的影响，研发新的用户身份认证与授权访问控制、数据存储加密、数据库安全审计、移动存储介质安全管理和安全操作系统技术。通过数据库入侵检测、主动防御、脆弱性评估等技术创新和推广运用，实现数据库数据在数据展现与应用等业务系统中的授权访问安全控制；对大数据库服务器实施多种粒度、多种隔离级别的安全审计功能，将大数据库的安全级别提升到符合有关要求的安全级别等。

　　二是创新网络安全防护技术。泛在网络是大数据分发共享的基本依托，提高大数据安全防护水平，必须加强网络安全防护技术创新。这需要从骨干网络安全防护、无线网络安全防护、网络数据传输保护、网络防火墙、网络入侵检测、漏洞和脆弱性扫描等领域，全方位设计大数据传输网络的安全防护，研发网络主动防护、智能溯源反制等技术；研发储备能确保最低限度的小数据库产品，确保核心业务网络局部瘫痪后，能迅速基于容灾备份网络和核心数据库来恢复系统功能等。美国国防部开展了"多尺度异常检测（ADAMS）""网络内部威胁计划（CINDER）""面向任务的弹性云""加密数据的编程计算（PROCEED）"等项目，可解决大规模数据集的异常检测，实时检测网络威胁和间谍活动，从而全面提升网络防御和云计算的数据安全。其"加密数据的编程计算"项目就是针对使用过程中保持加密状态的数据，开发实用的计算方法和编程语言，且无须在用户端解密数据，从而克服云计算环境中的信息安全挑战，使网络间谍的图谋难以得逞。这种做法和实践经验对创新网络安全防护技术有重要借鉴意义。

　　三是创新主机安全防护技术。主机是数据系统运行的载体，保护主机安全是大数据安全防护的重要内容。主机安全防护技术研究可根据物理安全、主机安全监控、主机恶意代码防护、主机漏洞扫描、软件补丁分发、终端数据加解密等领域的不同特点和需求，分类研究、集成创新。其中，操作系统安全是数据库系统安全的根基，应加大操作系统安全增强技术研发。

三、完善大数据安全管理体系

　　安全管理贯穿大数据资源开发、服务和运用的全过程，是保障大数据安全的重要环节。需要从安全管理制度、技术和人员管理规定等领域，完善大数据安全管理体系。

　　一是完善大数据安全管理制度。针对大数据安全管理的特点规律和实际需要,制定相应的安全管理制度,明确各级大数据系统管理的责任单位及其相应管理职责权限,规范大数据运行中的安全管理工作。监督各项制度的落实,严格执行安全事故的问责制度。

二是规范大数据人员管理。技术人员管理主要包括访问控制和人员责任监督。访问控制是指对什么人员、不同等级人员可以访问什么数据、可以进行什么类型访问的权限进行严格的规定,防止数据被未授权者访问。人员责任监督主要是及时掌握大数据人员岗位职责落实情况,督促大数据人员履职尽责。此外,应加强涉密人员的思想教育和安全业务培训,提高大数据人员的思想素质、技术素质和职业责任感。

三是规范大数据技术管理。大数据安全管理涉及的领域多,安全防护点多、线长,必须制定各级大数据中心、系统等的技术规范和安全标准,并严格利用统一的标准规范各级大数据中心、系统的技术引进,坚决杜绝不符合标准规范的技术进入大数据资源体系,避免因技术上的不慎,造成整个数据资源体系的安全隐患。

参 考 文 献

包磊等：《作战数据管理》，国防工业出版社 2015 年版。

［美］本杰明·萨瑟兰：《技术改变战争——全球军力平衡的未来》，丁超译，新华出版社 2013 年版。

车品觉：《决战大数据》，浙江人民出版社 2016 年版。

《大数据领导干部读本》，人民出版社 2019 年版。

［美］德内拉·梅多斯：《系统之美》，邱昭良译，浙江人民出版社 2012 年版。

董晓明等：《海上无人装备体系概览》，哈尔滨工程大学出版社 2020 年版。

耿卫、杨伟超、尤江东：《美军大数据技术应用研究》，《创新科技》2013 年第 11 期。

［美］凯文·凯利：《必然》，周峰、董理、金阳译，电子工业出版社 2018 年版。

［美］凯文·凯利：《科技想要什么》，严丽娟译，电子工业出版社 2018 年版。

［德］克劳塞维茨：《战争论》，纽先钟译，广西师范大学出版社 2003 年版。

邻舟、李莹军编著：《未来战争形态研究》，兵器工业出版社 2019 年版。

李昌玺等：《面向联合态势感知的大数据应用模式研究》，《中国电子科学研究院学报》2018 年第 6 期。

李涛：《大数据时代的数据挖掘》，人民邮电出版社 2019 年版。

李彦宏等：《智能革命——迎接人工智能时代的社会、经济与文化的变革》，中信出版集团 2017 年版。

刘红梅：《新工科大数据人才培养模式研究》，中国农业大学出版社 2018 年版。

马建光、姜巍：《大数据的概念、特征及其应用》，《国防科技》2013 年第 4 期。

盘和林、邓思尧、韩至杰：《5G 大数据——数据资源赋能中国经济》，中国人民大学出版社 2020 年版。

庞晓龙编著：《一本书读懂互联网思维》，吉林出版集团 2014 年版。

［美］佩德罗·多明戈斯：《终极算法》，黄芳萍译，中信出版集团 2017 年版。

彭作文、刘宇航:《大数据分行业大解析》,中国铁道出版社 2016 年版。

宋婧、张兴隆:《美军大数据技术应用现状研究》,《物联网技术》2015 年第 5 期。

孙杭义等:《科学技术发展战略:加强美国空军 2030 年及以后的科学技术》,中国空气动力研究与发展中心,2019 年 5 月 13 日。

[美]托夫勒:《第三次浪潮》,黄明坚译,中信出版集团 2006 年版。

[德]托马斯·瑞德:《机器崛起——遗失的控制论历史》,王晓、郑心湖、王飞跃译,机械工业出版社 2017 年版。

[美]维克托、迈尔、舍恩伯格等:《大数据时代——生活、工作与思维的大变革》,盛杨燕等译,浙江人民出版社 2013 年版。

吴明曦:《智能化战争——AI 军事畅想》,国防工业出版社 2020 年版。

徐子沛:《大数据》,广西师范大学出版社 2012 年版。

徐子沛:《数据之巅》,中信出版集团 2014 年版。

余来文等:《互联网思维 2.0——物联网、云计算、大数据》,经济管理出版社 2017 年版。

袁艺:《新时代"三化"融合发展研究》,《中国军事科学》2020 年版。

张靖笙:《大数据革命》,中国友谊出版社 2019 年版。

中国人工智能 2.0 发展战略研究项目组编:《中国人工智能 2.0 发展战略研究》,浙江大学出版社 2018 年版。

Anna Visvizi, "Miltiadis D. Lytras, NaifAljohani. Big Data Research for Politics: Human Centric Big Data Research for Policy Making, Politics, Governance and Democracy", *Journal of Ambient Intelligence and Humanized Computing*, 2021, 12, pp.4303 – 4304.

Changli Zhou, Chunguang Ma, and Songtao Yang An Improved Fine-Grained Encryption Methodfor Unstructured Big Data, ICYCSEE 2015, CCIS 503, pp.361 – 369.

Jan Neggers, "Olivier Allix, François Hild, Stéphane Roux. Big Data in Experimental Mechanics and Model OrderReduction: Today's Challenges and Tomorrow's Opportunities", *Arch Computation Methods Eng*, 2018, 25, pp.143 – 164.

Mauro Mazzei. A Machine Learning Platform for NLP in BigData, IntelliSys 2020, AISC 1251, pp.245 – 259.

Pietro Ducange, "Riccardo Pecori, Paolo Mezzina. A Glimpse on Big Data Analytics in the Framework of Marketing Strategies", *Soft Computer*, 2018,

22, pp.325-342.

Shujaat Hussain, Byeong Ho Kang, Sungyoung Lee1. A Wearable Device-Based Personalized Big DataAnalysis Model, UCAmI 2014, LNCS 8867, pp.236-242.